叶朗文集·五

本书由教育部人文社科重点研究基地
北京大学美学与美育研究中心资助出版

叶朗美学讲演录

Ye Lang's Lectures on Aesthetics

叶 朗
by Ye Lang
著

北京大学出版社
PEKING UNIVERSITY PRESS

图书在版编目（CIP）数据

叶朗美学讲演录 / 叶朗著. — 北京：北京大学出版社，2021.11
（叶朗文集）
ISBN 978-7-301-32630-5

Ⅰ.①叶… Ⅱ.①叶… Ⅲ.①美学–文集 Ⅳ.①B83-53

中国版本图书馆CIP数据核字（2021）第207123号

书　　　名	叶朗美学讲演录 YE LANG MEIXUE JIANGYANLU
著作责任者	叶朗　著
责任编辑	赵阳
标准书号	ISBN 978-7-301-32630-5
出版发行	北京大学出版社
地　　　址	北京市海淀区成府路205号　100871
网　　　址	http://www.pup.cn　　新浪微博：@北京大学出版社
电子信箱	pkuwsz@126.com
电　　　话	邮购部010-62752015　发行部010-62750672 编辑部010-62752022
印　刷　者	北京中科印刷有限公司
经　销　者	新华书店
	720毫米×1020毫米　16开本　13.5印张　200千字 2021年11月第1版　2021年11月第1次印刷
定　　　价	65.00元

未经许可，不得以任何方式复制或抄袭本书之部分或全部内容。
版权所有，侵权必究
举报电话：010-62752024　电子信箱：fd@pup.pku.edu.cn
图书如有印装质量问题，请与出版部联系，电话：010-62756370

目 录

前　言……………………………………………………………………1

从"美在意象"谈美学基本理论的核心区如何具有中国色彩………3
中国美学在二十一世纪如何"接着讲"………………………… 13
美学的基本理论与北大的美学传统……………………………… 21
从朱光潜"接着讲"………………………………………………… 44
"意象世界"与现象学……………………………………………… 65

中国传统美学的现代意味………………………………………… 75
《庄子》的诗意……………………………………………………… 96
中国老百姓要为平淡的人生增添一点情趣………………………109
万物之生意最可观：人与万物一体之美…………………………117
提升人生境界，追求人生的神圣价值……………………………122

建设文化强国要注重精神的层面……132

谈谈人文教养与人文学科……143

时代呼唤巨人……155

引领全社会重视艺术教育……160

使大学生具有更高的精神追求……165

北京大学艺术教育的传统……173

做学问是自己的生命所在……183

说学术气氛……189

谈艺术评论工作者的文化修养……194

前 言

这本《叶朗美学讲演录》汇集了我二十多年关于美学、中国美学和艺术教育方面的讲演。全书分为三个部分:

第一部分,关于美学基本理论的讲演。这几篇讲演,围绕"美在意象"这个核心命题,集中论述了我的美学基本观点。

第二部分,关于中国美学的讲演。这几篇讲演,从几个方面来论述中国美学精神。有一些论述揭示中国美学的特殊品格,带有学术的原创性。

第三部分,关于人文教育、艺术教育的讲演。其中一篇,对北京大学的艺术教育的传统做了概括。最后一篇《谈艺术评论工作者的文化修养》,我这几年在许多场合做了多次讲演,讲的是普通的道理,但是我以为非常重要。

我在这些讲演中,都强调两点:第一,我们要继承和弘扬中国美学传统;第二,我们要回应时代的呼唤。我认为,这两个方面是统一的。回应时代的呼唤正好引导我们回到中国传统美学。

在这些讲演中,有些论述,有些段落,我认为特别重要,或者包含了某种原创性的学术观点,我就用黑体字把它们标出来,以便引起读者对它们的特别注意。

这些讲演是在不同时间、不同场合讲的,由于都是讲美学,讲我自己对美学核心理论以及对中国美学的理解,所以尽管题目不同,在内容上必然有一些重复的地方。例如,柳宗元关于"美不自美,因人而彰"的论述,王阳明关于"岩中花树"的论述,王夫之关于"现量"(现在,现成,显现真实)的论述,冯友兰关于"人生境界"的论述,冯友兰关于"照着讲"和"接着讲"的论述,冯友兰关于"欲罢不能"的论述,宗白华关于"美的光来自心灵的源泉"的论述,宗白华关于"象如日,创化万物,明朗万物"的论述,等等,涉及美学基本理论和中国美学观念的核心区的关键理论问题,正是我这本讲演录要反复论述的理论问题,所以必然会重复论述。这些重复的地方难以避免。其他一些重复的地方,我在编这本讲演录的时候,尽量做了删节,但为了保持每个讲演的完整性和当时的风格,有些重复的内容不能全部删除,这点要请读者谅解。

叶 朗

2020 年 9 月 1 日

于北京大学燕南园 56 号

从"美在意象"谈美学基本理论的核心区如何具有中国色彩

1985年我出版了《中国美学史大纲》一书。在写作《中国美学史大纲》的过程中，我日益强烈地感觉到我们当时流行的美学基本理论的体系的内容过于陈旧。这个体系（不是指哪一本书，而是指体现在大学课堂教学以及各种美学教科书中的那个大致相同的体系）是在二十世纪五十年代那场美学大讨论的基础上形成的，可以说是那场大讨论的成果的总结。这个体系自有它历史的价值和历史的意义，但是到了八十年代，这个体系已日益显露出它所存在的四个方面的重大缺陷：

第一，理论视野和理论框架比较狭窄（一般是美、美感、艺术三大块，或者再加一块美育），内容比较贫乏，没有考虑到近几十年美学各个分支学科的发展，也没有吸收那些和美学关系十分密切的相邻学科的新成果。

第二，基本上没有吸收中国传统美学的积极成果，各种范畴、命题、原理都局限在西方文化的范畴内（从柏拉图、亚里士多德到车尔尼雪夫斯基，再加上普列汉诺夫）。

第三，基本上没有吸收二十世纪西方各国美学研究的积极成果。

第四，和我国新时期的审美实践（包括文艺实践）相当脱节，没有研究新时期审美实践、文艺实践的新成果、新经验和提出的新问题。

以上四个方面的缺陷，在我看来都是带有根本性的缺陷。这些缺陷，使得我们的美学体系显得陈旧、单调、乏味，缺乏时代感和现实感，已经越来越不能适应高等学校美学教学的需要，也越来越不能适应文艺实践的需要以及各行各业进行美育的需要。从根本上突破这个体系，建设一个现代形态的美学理论体系，已经成为发展美学学科的关键，成为摆在我国美学工作者面前的一项极其紧迫的任务。

所以我在《中国美学史大纲》完成后，就把时间和精力转过来进行美学基本理论的研究。

当时我思想上已经明确认识到一点，现代美学体系应该是一门国际性的学科，而现在西方各国的美学体系，都局限于西方文化的范围，没有吸收东方美学，特别是中国美学的内容，所以都谈不上是真正的国际性学科。也就是说，现在国际范围内，还没有一个现成的现代美学体系让我们搬用，现代美学体系还有待于我们建设，而在这个过程中，中国学者可以做出自己的贡献。如果没有中国学者的参与和努力，要想使美学真正成为一门国际性的学科，要想建设一个现代形态的美学体系，恐怕是有困难的。在美学的学科建设方面，中国学者可以做出自己的独特的、别人不能替代的贡献。

从1986年到1988年，我组织一批年轻学者（我指导的硕士研究生）写了一本《现代美学体系》。我们着重于两点，一是吸收中国古典美学的成果，一是吸收西方现当代美学的成果。这本书是在朱光潜之后系统地融合中国传统美学与西方当代思想，探索核心理论层面突破的初次尝试。《现代美学体系》最重要的突破是基本概念、范畴的更新，它一方面总结了西方哲学在二十世纪的一系列新成果，另一方面从哲学上提升了中国艺术批评的词汇，提出了"意象"作为审美活动的本体。"意象"不仅体现了中国传统美学的理论和话语特点,也与西方现代美学的精神有着深层的感应。比如,中国古典美学对审美意象基本结构(情与景,意与象)的分析就与西方体验美学、现象学美学的"审美意向性"分析相沟通,说明"审美意象正是在审美主客体之间的意向性结构中产生"。通过对东西方丰富的艺术实践的分析,"意象"被证明具有普遍的理论意义。《现代美学体系》接着朱光潜和宗白华的美学探索的道路,第一次把"意象""感兴"等中国古典美学概念通过哲学的提炼而纳入美学的基本理论当中,建立了与西方哲学、美学平等对话的基础。

当然,《现代美学体系》的尝试还是初步的。书中的框架采用了美学分支学科的框架,显得比较庞杂,"美在意象"的观点从理论上并没有充分展开,一些重要的问题没有想清楚,"美在意象"也没有贯穿全书的所有章节。

1988年《现代美学体系》出版。经过二十年的思考和研究,2009年4月我出版了《美在意象》(黑白插图本名为《美学原理》)。《美在意象》审视西方二十世纪以来以海德格尔等人为代表的哲学思维模式与美学研究的转向,即从主客二分的模式转向天人合一,从对美的本质的思考转向审美活动的研究,同时,又通过对二十世纪五十年代以来中国美学研究的反思,特别是审视长期以来美学领域主客二分认识论模式所带来的理论缺陷,将"意象"作为美的本体范畴,将意象的生成作为审美活动的根本。"意象"既是对美的本体的规定,又是对美感活动的本体的规定,在审美活动中,美与美感是同一的,美感是体验而不是认识,它的核心就是意象的生成。由"美在意象"这一核心命题出发,该书讨论了自然美、社会美、艺术美、科学美、技术美等诸多问题,认为它们虽分属不同的审美领域,但本质上都是意象的生成。许多美学命题与概念都可以在"美在意象"这一观念下被赋予新的意义与理解。就天人合一思维的角度来说,"意象"世界不是认识到的,而是创造出来的。因此,审美经验不是认识，而是创造。所以我在书中一再强调"意象的生成"。"意象"不是认识的结果，而是当下生成的结果。审美体验是在瞬间的直觉中创造一个意象世界，一个充满意蕴的完整的感性世界，从而显现或照亮一个本然的生活世界。正是在这种意义上，我们说美感不是认识，而是体验。美感或者审美体验是与人的生命和人生紧密相连的，而认识则可以脱离人的生命和人生而孤立地把事物作为物质世界或者对象世界来研究。美感是直接性或感性，是当下、直接的经验，而认识则要尽快脱离直接性或感性，以便进入抽象的概念世界。美感是瞬间的直觉，在直觉中得到的是一种整体性，世界万物的活生生的整体，而认识则是逻辑思维，在逻辑思维中把事物的整体进行了分割。美感创造一个充满意蕴的感性世界，创造出"意象"世界，这个"意象"世界就是美，而认识则追求一个抽象的概念体系，那是灰色的、乏味的。这种当下直接显现或生成的"意象"世界是有时间性的、不可重复的，不仅不同的人创造出来的"意象"世界有差别，就是同一个人在不同时间创造出来的"意象"世界也不可能一样。重视心的作用，重视精神的价值，是这部著作一以贯之的特点，讨论美学基本问题和前沿问题的新意都根基于此。这里的"心"并非被动的、反映论的"意识"或"主观"，而是具有巨大能动作用的意义生发机制。心的作用，如王阳明论岩中花树所揭示的，就是赋予与人无关的物质世界以精神性的意义。这些意义之中也涵盖了"美"的判断，"离开人的意识的生发机制，天地万物就没有意义，就不能成为美"[1]。比如，自然美的本质也是意象，离开了人心的"照亮"过程，自然界就无所谓美和不美。单单从观察、分析自然风景本身，或者抽象地谈论人与自然界的互动，都是无法认识自然美的。总之，"美在意象"的提法通过区分僵硬死寂的"物"与灵动多样的"象"，突出强调了意义

---

[1] 叶朗：《美学原理》，北京大学出版社2009年版，第72页。

的丰富性对于审美活动的价值，其实质是恢复创造性的"心"在审美活动中的主导地位，目的是提高心灵对于事物意义的承载能力和创造能力。所以，《美在意象》与作为"美学大讨论"产物的理论体系之间的真正区别不是"在心"与"在物"，而是对意义生成机制的理解处于不同的层次上。

以"意象"作为核心的美学理论体系，并不仅仅是出于一种美学知识体系建设的需要，更重要的是突出审美与人生，与精神境界的提升和价值追求的密切联系。美的本体之所以是"意象"，审美活动之所以是意象活动，就是因为它可以照亮人生，照亮人与万物一体的生活世界。"美学研究的全部内容，最后归结起来，就是引导人们去努力提升自己的人生境界，使自己具有一种'光风霁月'般的胸襟和气象，去追求一种更有意义、更有价值和更有情趣的人生。"[1]真正的中国美学的研究，不仅可以使人们获得理论和知识的滋养，培养起纯理论的兴趣，更重要的是，可以使我们更好地感受人生、体验人生，获得心灵的喜悦和境界的提升。

中国古代哲学关注的世界，中国古代哲学所说的"自然"，是有生命的世界，是人在其中生存的生活世界，是人与万物一体的世界，是充满了意味和情趣的人生世界。这是存在的本来面貌。中国古代美学家在这个方面有非常有深度的论述。比如，王夫之就说："情景名为二，而实不可离。神于诗者，妙合无垠。巧者则有情中景，景中情。"[2]"夫景以情合，情以景生，初不相离，唯意所适。截分两橛，则情不足兴，而景非其景。"[3]我们注意王夫之所说的"实不可离"中的"实"字和"初不相离"中的"初"字，就能明白王夫之要说的

---

[1] 叶朗：《美学原理》，第24页。
[2] 王夫之：《姜斋诗话》。
[3] 同上。

是"情景合一",是本来就有的,是一个纯粹被给予的世界,就是胡塞尔说的"生活世界",也就是哈贝马斯说的"具体生活的非对象性的整体",而不是主客二分模式中通过认识桥梁建立起来的统一体,哈贝马斯称为"认识或理论的对象化把握的整体"。王夫之用"现量"来说诗:"'现'者,有'现在'义,有'现成'义,有'显现真实'义。'现在',不缘过去作影;'现成',一触即觉,不假思量计较;'显现真实',乃彼之体性本自如此,显现无疑,不参虚妄。"[1]我非常推崇王夫之的"现量说",他说清楚了"意象"是本来如此,不是思虑推论的结果,更重要的是,在本来如此的"意象"中,我们能够见到事物的本来样子。

宗白华先生说:"象如日,创化万物,明朗万物!"[2]"主观的生命情调与客观的自然物象交融互渗,成就一个鸢飞鱼跃,活泼玲珑,渊然而深的灵境。"[3]宗先生的说法对我们理解"意象"极有启发。意象是创造,是生成,意象照亮人与万物一体的本真世界。审美是"照亮",让万物明朗起来,让万物显现自身。这里的"亮光"来自我们的心灵。有了心灵的照亮,事物开始具有意义,开始有了表情。这就是宗白华先生说的:"一切美的光是来自心灵的源泉,没有心灵的映射,是无所谓美的。"[4]在这方面中国哲学家早就有非常清楚的认识。比如,大家都熟知的王阳明说的话:"你未看此花时,此花与汝心同归于寂。你来看此花时,则此花颜色一时明白起来。"只有在心灵的"照亮"下,花才显现,才明白起来,才进入我们的世界,才有意义,才有表情。心

---

[1] 王夫之:《相宗络索·三量》,《船山全书》第十三册。
[2] 宗白华:《形上学——中西哲学之比较》,见《宗白华全集》第二卷,安徽教育出版社1994年版,第628页。
[3] 宗白华:《中国艺术意境之诞生》,见《艺境》,北京大学出版社1987年版,第151页。
[4] 同上。

灵在这里只是"照亮",并没有携带任何概念和目的。王阳明并没有说看见了哪一种名目的花,只是说"此花颜色一时明白起来"。这里的"明白"并不是符合某种概念的确定的知识,而是花的本真世界的"显现",本真世界的"出场","象"或者"意象",就如同这种"显现"和"出场"。它是最初被给予的,我们原本就存在于这种"显现"和"出场"之中。在这种"显现"和"出场"之外,并不存在其他被给予的东西。也许我们应该在这种意义上来理解王阳明"心外无物"。同样,我们也应该从这个意义上来理解海德格尔的著名论断:"美是作为无蔽的真理的一种现身方式。"[1]"美属于真理的自行发生。"[2]

王夫之谈诗,一再强调"身之所历,目之所见","心目之所及"。这是体验的最原始的含义,就是当下的直接的感兴,就是"现在"。美感就是"现在"。美不是抽象的逻辑概念,如柏拉图、黑格尔的理念世界,美也不是某一类事物的完美典型,美是当下的直接感兴所显现的世界,就是禅宗故事中所说的"庭前柏树子"。对这种当下的直接感兴所显现的世界的体验,就是"现在"。审美体验的"现在"的特性,不仅有瞬间性和非连续性,而且有连续性和历史性。因为时间总是超出自身,瞬间(刹那)并没有中断历史,所以在审美体验中,可以有一种"直接融贯性",可以存在一种"意义的丰满",如狄尔泰所说:"仅仅在现在,才有时间的充满,因而才有生命的充满。"[3]或如伽达默尔所说:"一种审美体验总是包含着某个无限整体的经验。"[4]所以审美体验的"现在"的特性,包含有瞬间无限、瞬间永恒的含义。朱光潜说:"在观

---

[1] [德]海德格尔:《艺术作品的本源》,见《海德格尔选集》上册,上海三联书店1996年版,第276页。

[2] 同上书,第362页。

[3] [德]伽达默尔:《真理与方法》上卷,洪汉鼎译,上海译文出版社1999年版,第90页。

[4] 同上。

赏的一刹那中，观赏者的意识只被一个完整而单纯的意象占住，微尘对于他便是大千；他忘记时光的飞驰，刹那对于他便是终古。"[1]宗白华认为审美的人生态度就是"把玩'现在'，在刹那的现量的生活里求极量的丰富和充实"[2]。马丁·布伯指出，当人局限在主客二分的框框中，主体（"我"）只有"过去"而没有"现在"。[3]只有超越主客二分，才有"现在"，而只有"现在"，才能照亮本真的存在。

我们每个人本来就生活在"情景合一"的世界之中，这个"情景合一"世界，是一个有历史、有文化的世界，而不是史前的生物世界，这个思想贯穿在《美在意象》的每一章节。**我在这本书中自始至终强调美和美感的历史性、社会性，强调审美活动是一种社会文化活动。这就是说，"美在意象"的理论在整体上贯穿了历史唯物主义。**

所以，在美学原理的理论核心的区域，"美在意象"的体系已经超越了二十世纪五十年代那场美学讨论以及从那场讨论中产生的美学体系。也因为这样，我在《美在意象》这本书中，以及在这本书前后所发表的美学论文中，都不再关注和讨论五十年代那场讨论以及那场讨论所产生的美学体系，因为它们在理论核心区域已经被超越了，关注和讨论它们已经没有意义了。

二十世纪五十年代那场讨论所产生的美学体系之所以被超越，主要原因是它们没有从朱光潜、宗白华"接着讲"，从而脱离了中国美学发展的主航道。人文学科需要不断地回顾历史，历史上的学说对于今天仍然有启示意义。就人文学科来说，没有人能够离开历史的经典而发展出完全独创的思

---

[1] 朱光潜：《文艺心理学》，见《朱光潜美学文集》第一卷，上海文艺出版社1982年版，第17页。
[2] 宗白华：《论〈世说新语〉和晋人的美》，见《艺境》，第136页。
[3] 参见［德］马丁·布伯：《我与你》，陈维纲译，生活·读书·新知三联书店1986年版，第28页。

想。对传统的继承和发扬，对于人文学科来说显得尤其重要。我们常常看到有的人完全抛开传统，凭空提出种种新奇的论断，追求轰动效应，其实这种东西不仅经不起历史的检验，即便在当下，它在成熟的学者那里也不会得到任何的关注和肯定。我认为，五十年代美学讨论的一个消极影响就是使当时的中国美学脱离了美学的主航道。**在讨论中很多人都忽视人的心灵世界、精神世界，远离提升人生境界的价值追求。**他们提出的论断，无法解释审美活动与美感的丰富性，无法解释那些造就了经典作品的伟大心灵。他们脱离活生生的现实的审美活动，脱离对于美的形象以及艺术史的具体分析而去寻找"美本身"或者"美的根源"，其结果必然是落到空洞的概念里面。这一点朱光潜在讨论中早就指出了。八十年代中国美学研究开始回到主航道上来。**从近代以来，中国美学的发展走的是一条中西融合的道路，而立足点是中国文化和中国美学**，这是中国美学发展的主航道。在这条主航道上，离我们最近的是朱光潜美学和宗白华美学。我们必须从他们接着讲。那些完全撇开朱光潜美学和宗白华美学的人，自以为有新的创造，但历史证明他们的东西离开了主航道，意思并不大。"风正一帆悬"，美学总是沿着主航道鼓帆向前。现代中国学者写的美学著作当然是不少的，照我的感受，还是朱光潜美学和宗白华美学最正宗。他们的著作可以称得上二十世纪中国美学的经典，经得起细读。当然，继承传统，并不是不要创新。但历史告诉我们，只有在继承传统的基础上，才会有真正的创新。在《美在意象》中，我将朱光潜美学中隐含着的从"主客二分"到"天人合一"的转向明朗化了，实现了朱光潜美学中在逻辑上可能出现而实际上没有出现的那个转折。有了这种明朗，这种转折，我们的美学研究可以避免一些不必要的纠缠，进入一个更加顺畅的发展阶段。在朱光潜美学中，人与世界先是"二分"的，然后在某种心理状态下达到"合一"。在我这本书中,人与世界本是不分的,审美既是对"自我"的局限性的超越,又是对本来的"自然"状态的复归。这种生存论上的复归观念,在书中明朗化了。**这种转折,这种明朗,受到张世英先生的启发,这一点,我在书中谈得很清楚。**总之,就美学和艺术学理论的建设来说,我们要思考最普遍的理论问题,始终与人类心灵创造的最高成果交流,避免偏离美学和艺术学发展的主航道。《美在意象》这本书,是在美学基本理论的核心区域具有中国色彩的一个尝试。

中国美学在二十一世纪如何"接着讲"

一、中国美学在二十一世纪能否有新的创造

我认为，中国美学在新世纪里能够有新的创造，理由是：

第一，中国学界已经初步形成了这样的共识：立足中国文化，吸收世界学术成果，这是今后学术发展的大方向。

第二，中国美学界已经有了比较厚实的学术积累和人才储备，也有了比较畅通的学科综合和国际交流的渠道。

第三，新的时代条件给我们提出了新的理论上和实践上的问题，其中最突出的一个问题就是人们的物质追求与精神生活之间失去平衡。中国当代美学应该回应这个时代要求，更多地关注心灵世界、精神世界的问题。

这种新的创造，应该体现在美学理论的核心区域，应该有一个稳定的理论核心。这是我们努力的目标。

二、人文学科的理论创造必须"接着讲"

人文学科的新的创造必须尊重古今中外思想文化的经典创造和学术积累，

必须从经典思想家"接着讲"。

"接着讲",从最近的继承关系来说,就是站在二十一世纪文化发展的高度,汲取二十世纪中国学术积累的成果,吸收蔡元培、朱光潜、宗白华、冯友兰、熊十力等学者的学术成果。对中国美学来说,尤其要从朱光潜"接着讲"。之所以特别强调朱先生,主要是因为他更加重视基础性的理论工作,重视美学与人生的联系。朱先生突出了对"意象"的研究。这些对把握未来中国美学的宏观方向都很有意义。宗白华同样重视"意象"的研究,重视心灵的创造作用。宗先生从文化比较的高度阐释中国传统美学的精髓,帮助我们捕捉到中国美学思想的核心和亮点。宗先生的许多深刻的思想可以源源不断地启发今后的美学史、美学理论的研究。

学术研究的目的不能仅仅限于搜集和考证材料,而是要从中提炼出具有强大包孕性的核心概念、命题,思考最基本、最前沿的理论问题。从朱光潜"接着讲"也不是专注于研究朱光潜本人的思想,而是沿着他开创的学术道路,在新的时代条件、时代课题面前做出新的探索。每一个时代都有自己的学术焦点,这形成了每一个时代在学术研究当中的烙印。"接着讲"的目的是要回应我们时代的要求,反映新的时代精神,这必然推动我们对朱光潜、宗白华、冯友兰等前辈学者的工作有所超越。

三、提出"美在意象"的理论框架是"接着讲"的一种尝试

从二十世纪八十年代以来,我一直在思考这条"接着讲"的路线,逐渐形成了一个以"美在意象"为核心的理论框架。2010出版的《美在意象》一书(2009年出版的《美学原理》是这本书的黑白插图本),对理论框架做了比较清

晰和比较全面的论述。这个理论框架有三个核心概念：意象、感兴、人生境界。

第一个概念是"意象"。《美在意象》审视西方二十世纪以来以海德格尔等人为代表的哲学思维模式与美学研究的转向，从对美的本质的思考转向对审美活动的研究，同时，又通过对二十世纪五十年代以来中国美学研究的反思，特别是审视长期以来美学界主客二分认识论模式所带来的理论缺陷，将"意象"作为美的本体范畴提出，将意象的生成作为审美活动的根本。"意象"既是美的本体规定，又是对美感活动的本体规定。在审美活动中，美与美感是同一的，它的核心就是意象的生成。由"美在意象"这一核心命题出发，这本书讨论了自然美、社会美、艺术美等诸多问题，认为它们虽分属不同的审美领域，但本体都是意象的生成。许多美学命题与概念都可以在"美在意象"这一观念下被赋予新的意义与理解。

第二个概念是"感兴"（体验）。我在书中指出，美感不是认识，而是"感兴"（体验）。"感兴"是中国美学的概念，它的内涵相当于西方哲学中从狄尔泰到伽达默尔所说的"体验"。我以王夫之的"现量"说来界定"感兴"。"现量"有三层含义：一是"现在"，美感是当下直接的感兴，就是"现在"，"现在"是最真实的。只有超越主客二分，才有"现在"，而只有"现在"，才能照亮本真的存在。二是"现成"。美感就是通过瞬间直觉而生成一个充满意蕴的完整的感性世界。三是"显现真实"。美感就是超越自我，照亮一个本然的生活世界。

第三个概念是"人生境界"。冯友兰先生说，"人生境界"的学说是中国传统哲学中最有价值的内容。审美活动可以从多方面提高人的文化素质和文化品格，但审美活动对人生的意义最终归结起来是提升人的人生境界。

这三个概念构成了"美在意象"这个理论框架的核心。

这个核心在理论上最大的特点就是重视"心"的作用，重视精神的价值，讨论美学的基本问题和前沿问题的新意都根基于此。这里的"心"并非被动的、反映论的"意识"或"主观"，而是具有巨大能动作用的意义生发机制。心的作用，如王阳明论岩中花树所揭示的，就是赋予与人无关的外在世界以精神性的意义。这些意义之中也涵盖了"美"的判断，"离开人的意识的生发机制，天地万物就没有意义，就不能成为美"。自然美的本体也是意象，没有人心的"照亮"，自然界就无所谓美和不美。单单观察、分析自然风景本身，或者抽象地谈论人与自然界的互动，都无法说清自然美的生成。当前受到普遍关注的西方"生态美学"常常忽视人心的作用。如果仅仅把尊重自然生态的理由归为万物的"权利"或者人类的长远利益，那还是一种主客二分的、功利的态度。中国古人对于自然万物的态度来自于生命共同体内部的沟通乐趣，这种沟通就体现为对于"鸢飞鱼跃"的意象世界的欣赏，是出于心灵深处的精神体验。从这里可以看到中国美学在当代前沿问题上的高度。总之，"美在意象"的命题突出强调了意义的丰富性对于审美活动的价值，其实质是恢复创造性的"心"在审美活动中的主导地位，提高心灵对于事物意义的承载能力和创造能力。

提出这个理论核心，并不仅仅是出于一种美学知识体系建设的需要，更重要的是突出审美与人生、审美与精神境界的提升和价值追求的密切联系。美的本体之所以是"意象"，审美活动之所以是意象创造活动，就是因为它可以照亮人生，照亮人与万物一体的生活世界。"美学研究的全部内容，最后归结起来，就是引导人们去努力提升自己的人生境界，使自己具有一种'光风霁月'般的胸襟和气象，去追求一种更有意义、更有价值和更有情趣的人生。"[1]真正的中国美学的研究，不仅可以使人们获得理论和知识的滋养，培养起纯理论的

---

[1] 叶朗：《美学原理》，第24页。

兴趣，更重要的是，可以使我们更好地感受人生、体验人生，获得心灵的喜悦和境界的提升。这样的美学，是对于时代要求的一种回应。

四、"美在意象"的理论核心是对中国传统美学精神的继承

中国文化包含有极其丰富的美学理论的资源。我们建设当代美学，解决美学的核心理论问题，可以从中国文化中去寻找理论资源。

我在《美在意象》中，引用柳宗元的"美不自美，因人而彰"的命题来消解实体化的、与人分离的"美"；引用马祖道一的"心不自心，因色故有"的命题来消解实体化的"自我"；引用王夫之的"现量"说来界定和分析"感兴"（体验）；还引用了孔子以来历代思想家关于人生境界的论述。这样，就使"美在意象"的框架从理论内核上带有中国的色彩。**"美在意象"的理论核心，突出心灵世界和精神价值，突出人生境界的提升，正是对于中国传统美学精神的继承。**

中国美学最大的特点就是它不是少数学者在书斋中做纯学术的研究，而是与人生紧密结合，它渗透到整个民族精神的深处，因而对中国的文化发展产生了十分深刻的影响。

中国从孔子开始，一直到蔡元培，历代思想家没有一个不是重视美育的。孔子提倡诗教、乐教，提倡"兴于诗，立于礼，成于乐"，就是强调审美活动要参与塑造人格，进一步，还要参与塑造整个民族的精神。从孔子开始，中国哲学逐渐形成了人生境界的学说。人生境界的学说就是塑造人格、塑造民族精神的学说，而审美活动在其中起到重要的作用。

受中国美学的影响，中国传统艺术都十分重视精神的层面，重视心灵的作用。宗白华讲中国艺术，强调中国艺术是一个虚灵世界，是一个"永恒的灵的空间"，强调中国艺术是"世界最心灵化的艺术，而同时又是自然的本身"；他提醒大家要特别注意中国的工艺器物、艺术作品的虚灵化的一面，并且与《易》象相联系，更多地体验"器"的非物质化的一面，与"道"可以契合的一面。中国艺术家追求"意境"，"意境"就是艺术作品显示一种形而上的人生感、历史感、宇宙感。所以，宗白华在他的著作中多次说过，中国艺术常常有一种"哲学的美"，中国艺术常常包含一种形而上的意味。这几年，国内引进了一些西方汉学家对中国艺术的研究成果，他们特别喜欢把中国艺术从"物"的层面去考证和分析，而完全抽走精神的层面、审美的层面，抽走宗白华所强调的虚灵化的层面。在他们那里，中国艺术不再是"永恒的灵的空间"。这样，他们的研究实际上完全否定了中国传统艺术的精神的价值。

中国美学也广泛地渗透到中国广大老百姓的日常生活当中。中国老百姓在普通的、平凡的日常生活中，都着意去营造一种美的氛围。我们从明代文震亨的《长物志》、清代李渔的《闲情偶寄》和今人王世襄的《锦灰堆》这些著作中，可以看到中国人在日常生活中的审美情趣，可以看到中国美学和中国人的日常生活有多么紧密的联系。

这是中国美学的理论品格。"美在意象"的理论核心继承了中国美学这种理论品格。

五、创建中国特色的美学学派是否可能

我在十多年前出版的《胸中之竹》一书的自序中，曾提到创建学派的问题：

任何一场大大小小的学术争论，都会有不同的观点，或者说，都会分成若干派。但这还不是学派。学派的形成，有几个基本的标志：一要有自己的理论观点和理论体系，二要形成独特的治学风格，三要有创造性的学术成果，四要有一支优秀的学术队伍。一个在历史上发生过积极影响的有生命力的学派，总是在不同程度上从某个侧面反映了时代精神和民族精神。

在我国的美学领域，还不能说已经有了真正的学派。二十世纪五十年代美学讨论中的几大派，可以说是学派的雏形。接下去发生了"文化大革命"，学术研究和学术讨论中断了十年，在这样的历史条件下，美学讨论中的几大派别没有可能发展成为真正的学派。

但是现在历史条件已经发生了巨大的、深刻的变化。

我们进入了一个改革开放和实现现代化的时代。这也是我们中华民族的文化实现伟大复兴的时代。这样一种时代条件，使得在学术领域创立新的学派，成了一种需要，同时也有了现实的可能。

中外学术史告诉我们，没有学派，就没有理论的原创性；没有学派，就没有真正的百家争鸣；没有学派，就没有学术的大发展和大繁荣。[1]

我在那里讲到创建新的学派的需要和可能。我想借今天第十八届世界美学大会的场合重申这个想法，特别就中国的美学学科来说，创建新的学派，现在确有一种现实的可能性。这主要就是因为我们有了一开头提到的那几个条件：学术界对于学术发展的方向形成了共识，有比较厚实的学术积累和人才储备，有比较畅通的学科综合和国际交流的渠道，新的时代给我们提出了需要回应的

---

[1] 叶朗：《胸中之竹——走向现代之中国美学·自序》，安徽教育出版社1998年版，第1—2页。

新的理论课题。

我想，我们应该有这样的信念。当然，这会是一个长期的过程，也许要经过两三代人的努力。但是，我们从现在起应该确定这样一个目标。

创建具有中国特色的美学学派，关键是如前面所说的，要在美学理论的核心层进行新的理论创造，要有一个稳定的理论核心。在这个过程中，我们要特别重视吸收朱光潜、宗白华、冯友兰等前辈学者的理论成果，包括吸收目前仍然不断地进行着新思考、新创造的张世英先生等老一辈学者的理论成果。撇开他们，一切从头来做，一切自我创造，是违背人文学科的发展规律的。这就是我所说的"从朱光潜接着讲"。提出"美在意象"的理论框架，是"接着讲"的一种尝试。不妥和谬误之处，请学术界的朋友们批评指正。

本文为作者 2010 年 8 月 9 日在第十八届世界美学大会上的讲演

美学的基本理论与北大的美学传统

感谢研究生院热情邀请我来"才斋讲堂"讲一讲美学,我也感谢在座的同学们,昨天过了中秋节,据说今天晚上月亮是最圆的,大家不去看月亮,在这儿听我讲,我非常感谢。

研究生院开设这个讲堂,在研究生中提倡多学科、跨学科的视野和方法,我觉得非常好。我觉得特别要提倡文理交融,提倡科学与人文、科学与艺术的交融和结合。季羡林先生在晚年的时候一直在提倡这个理念。我记得北京论坛第一届大会开幕的时候请他讲话,他就讲人文跟科学要交融。钱学森先生晚年也一直在提倡这个理念,他在接受记者采访时,以及和温总理谈话的时候,都谈过这个问题。我非常注意钱先生的谈话。他讨论的是怎么培养拔尖人才、怎么创建世界一流大学的问题。钱先生说根据历史经验和他个人的经验,他认为关键就是科学和艺术的结合。钱先生去世以后,很多人写文章纪念他,很多文章都讨论一个问题,就是"钱学森之问:我们怎么才能培养杰出人才"。我认为钱先生自己已经回答了这个问题,至少从一个重要的方面回答了这个问题,就是科学和艺术相结合,用季先生的话来讲就是人文和科学的交融。我感到有点遗憾的是那么多纪念钱学森的文章都没有提到这个理念,也许有,我没有看见。现在我们研究生院办这个"才斋讲堂",我觉得就是贯彻这个精神,多学科、跨学科交叉与融合，充分发挥我们北京大学多学科、学科齐全的优势，使我们这种多学科的优势成为激发学生创造性思维的推动力，我觉得非常好。

下面我讲的题目是"美学的基本理论与北大的美学传统"，我既要讲美学学科建设的问题，同时也要结合一下北大的情况，因为北大有美学的传统，这是北京大学一个非常重要的传统，是从蔡元培先生任北大校长开始的。我认为这个传统应该继承，应该发扬光大。

美学是哲学的一个分支学科，涉及很多哲学概念，今天时间短，不可能来谈这些理论问题，我就着重介绍一下这个学科的一些历史情况和我们学科建设的思路，这样其他专业的同学可能也会有一些兴趣。我讲四个问题。

一、美学学科建设的历史背景

（一）中国美学的特殊品格

从学科来讲，中国美学与西方美学有一个很大的不同，西方美学基本上是少数学者在书斋中做纯学术的研究，整个社会对这个学科不很关注，年轻人、大学生对这个学科也不很关注。但是中国不一样，美学学科在中国受到社会的关注，受到艺术界的关注，也受到年轻人、大学生的关注。艺术家很关注美学，今天下午还有一个很杰出的画家到我这儿来跟我谈美学的问题，就一些美学基本理论问题进行了探讨。

二十世纪五十年代和八十年代，社会上出现了两次"美学热"，在座的有些同学可能知道这个事。五十年代有一场美学大讨论，这是第一次"美学热"。八十年代随着我们整个社会出现"文化热"，又有美学的第二次热潮。八十年代我们哲学系招美学的硕士生，最多招八个人，但是来报名的是七八十人，最多一次来报名的有一百多人，可见当时很热。后来"文化热"退下去了，"美学热"也退下去了，但是相对来讲社会还是比较关注美学这个学科。

我举两个例子，一个是今年北京大学主办了第十八届世界美学大会。这个世界美学大会每三年举办一次，过去都在欧洲开，亚洲就在日本开过一次，2006年北京大学美学与美育中心代表北京大学去申办第十八届美学大会，也是有很多竞争者，最终我们申办成功了。我们没有想到规模那么大，国外学者来自39个国家和地区，共计331人，国内六百多人，加在一起一千多人。这么大的规模，开了五天的会，有676位学者在会上发表了论文，同时有26个分会场，会议开到第五天我到各个分会场去看，依然坐得满满的，还有人站着，这说明学术气氛很浓。国外的学者对中国有这么多人关心美学，感到很吃惊，因为在国外只有少数人关心美学，同时他们在会上还看到中国的学者对西方美学那么熟悉，也非常吃惊。相对来讲我们对西方美学的了解，比外国学者对中国美学的了解要多得多。很多外国学者说，他们收获很大，过去就知道中国有孔子和老子，这回到了中国才知道，中国还有朱光潜、宗白华两位美学家。这个当然是很大的收获。

为什么在中国有很多人关注美学，这和中国文化、中国美学的特点有关系。很多人说，中国文化是审美的文化、诗意的文化，中国哲学是审美的哲学、诗意的哲学。中国美学最大的特点，是和人生紧密结合，它渗透到我们民族精神的深处，因而对中国文化发展产生了十分深刻的影响。中国从孔子开始，一直到我们的蔡元培校长，历代的思想家没有一个不是重视美育的。孔子提倡诗教、乐教，提倡"兴于诗，立于礼，成于乐"，就是强调审美活动要参与塑造人格，进一步还要参与塑造整个民族精神。从孔子开始，中国哲学逐渐形成了人生境界的学说。北大哲学系已故的冯友兰先生认为中国传统哲学最有价值的学说，就是关于人生境界的学说。人生境界的学说是指塑造人格、塑造民族精神的学说，而审美活动在这里起到了重要的作用。

受中国美学的影响，中国传统艺术都十分重视精神的层面，重视心灵的作用。宗白华先生强调，中国艺术是一个虚灵的世界、一个永恒的灵的空间，中国艺术是世界最心灵化的艺术，同时又是自然本身，心灵和自然是统一的。中国艺术家追求意境，意境就是艺术作品显示一种形而上的人生感、历史感和宇宙感，所以宗先生在他的著作里常常说，中国艺术有一种哲学的美，包含一种形而上的意味。

中国美学也广泛渗透到广大老百姓的日常生活当中，中国老百姓要在普通的、平凡的日常生活中去营造一种美的氛围。比如我们喝茶、喝酒都要营造一种诗意的氛围。北京有一位叫王世襄的先生，不知道你们知不知道，他是一位文物学家，也是收藏家。他收藏鸽哨，他说鸽哨是北京的音乐，每天清晨不知多少次把大人小孩从梦中喊醒。老百姓虽然生活很平淡，但是也要营造一种美的氛围、一种诗意的氛围。中国美学渗透到老百姓的日常生活当中，中国人在日常生活中也有审美情趣，所以中国的美学和老百姓、和整个社会有很紧密的联系。为什么整个社会比较关注美学呢？这可能跟我们中国的文化传统有关系。这是我讲的第一点，中国美学的特殊品格、特殊精神。

（二）中国近代美学的特点

中国近代美学从梁启超、王国维开始。他们的特点是引进西方美学，主要是德国的美学，他们尝试把中西美学融合起来，其中学术成就最大的是王国维。我认为中西美学的融合是中国美学近代以来的一条正确的发展道路。这一点我不详细说了。

（三）中国现代美学的特点

这要多讲一点。为什么呢？就是因为在中国现代美学中贡献最大的是北京大学的学者。首先是蔡元培先生，他当校长以后，就在北大开设了美学课，他自己讲，这是蔡元培先生在北大亲自讲的唯一的一门课。他还准备写本教材，后来因为一些缘故没有写成。他提倡美育，这对中国现代教育的影响极大，一直到现在。接下去就是朱光潜、宗白华、冯友兰这些学者。他们有几个特点。

第一，他们继续了梁启超、王国维的路线，引进西方美学，并且力图把它和中国美学结合起来。比如说朱光潜，朱先生对中国美学的一个不朽贡献，就是翻译了大量西方美学的经典著作。柏拉图的《文艺谈话录》、莱辛的《拉奥孔》、歌德的《谈话录》、黑格尔的《美学》（三卷四大本），还有意大利维柯的《新科学》。维柯的《新科学》是朱先生晚年翻译的，我到他家里去，他已经八十多岁了，桌上摆满了稿纸。这本书翻译完了以后他就去世了，来不及看到出版。黑格尔的《美学》非常难翻译，主要是涉及的理论和知识的面非常宽，当年周总理说过，"像黑格尔的《美学》这样的书只有朱先生来翻译才能胜任愉快"，周总理说的话是非常对的。黑格尔的《美学》在"文革"以前已经出版了第一卷，后面两卷朱先生翻译了一部分，"文革"中抄家被抄走了，当时我们非常担心会找不回来。后来朱先生从"牛棚"被放出来了，有一次我正好在北大图书馆前面碰到他，我们都很高兴，我先问他身体怎么样，然后就问他被抄走的稿子找到了没有，他说还没有找到。后来幸好还是找到了，朱先生把它翻译完之后整理出版了。在粉碎"四人帮"后不到三年的时间里，朱先生连续翻译整理出版了黑格尔的《美学》两卷三大本，还有刚才讲到的莱辛的《拉奥孔》、歌德的《谈话录》，一共是一百五十多万字。这个时候朱先生已经八十岁高龄了，这是何等惊人的生命力和创造力。

还有宗白华先生，他也翻译西方的经典。康德《判断力批判》的上册是讲美学，就是宗先生翻译的，宗先生还翻译了一些其他的书。我们当代的艺术家都承认，宗先生对中国艺术的研究精深微妙，至今还没有一个人能够超越他。

第二，在美学基本理论的核心层面有很多贡献，这集中表现在他们对审美意象理论的研究。朱先生、宗先生都讲，美是什么？其实就是意象。而冯友兰先生的突出贡献是关于人生境界的理论。我刚才讲了，冯先生说我们中国传统哲学最有价值的理论是关于人生境界的理论。冯先生说，世界是同样的世界，人生是同样的人生，但是同样的世界和同样的人生对每个人意义不一样，这就构成每个人的精神境界。比如说，两个人一起到山里游览，地质学家看到的是一种地质构造，历史学家看到的是某种历史的遗迹，比如一个古战场。所以同样一座山，对于这两个人的意义是不一样的。我看美国人写一个故事，一个大老板一生辛辛苦苦，到了晚年，他的太太说你太辛苦了，出去玩一玩吧，他就到世界各地去旅游了。旅游一圈回来以后大家问他，你这次旅游有什么收获呀？他说，我最大的收获是使我更加感觉到办公室的可爱。世界是无限的大，但是对于他来讲没有意义，只有这个办公室对他有意义，中国人讲"画地为牢"，他就是画地为牢了，他跳不出去。所以说同样的世界，同样的人生，对于每一个人的意义不一样，这个不同的意义就构成每个人不同的精神境界。冯先生说没有两个人的境界是相同的。动物没有自己的境界。

哲学和美学的意义就是要提升大家的人生境界，中国人非常强调境界，我刚才说从孔子开始形成人生境界的学说。中国古人强调，一个学者不仅要注重增加知识，增加学问，同时，或者说更重要的，是要注重拓宽胸襟，涵养气象，提升人生境界。这个精神境界表现为一个人的内心世界，我们古人称之为"胸襟""胸怀"；表现为一个人的言谈笑貌，举止态度，我们古人称之为

"气象",或者叫做"格局"。这个"胸襟""气象",说起来好像是抽象的,看不见摸不着的,实际上是客观存在的,别人能够感受到的。我刚才提到冯友兰冯先生,他说他当年在北大当学生的时候,第一次到校长办公室去见蔡元培先生,一进校长办公室就感到蔡先生有一种光风霁月的气象,而且满屋子都是这个气象。可见一个人的气象是一种客观存在。冯先生说,如果一个人的精神境界特别高,他的气象就能对周围的人产生一种春风化雨的作用。冯先生说,蔡先生治学有两大特点:第一是兼容并包,第二是春风化雨。根据他自己的体会,兼容并包要做到好像还不算很难,要真正做到春风化雨就太难了,因为春风化雨不能勉强,做个样子是不行的,要很自然。你有那个境界,自然就产生春风化雨的作用;你没有那个境界,你就不能起这个作用,不能勉强,不能作假。人生境界的理论对我们美学来讲非常重要。审美活动可以从多方面提高人的文化品格、文化素养,最终归结起来就是提升人的人生境界。

第三,这些前辈学者的文风特别值得我们学习。在座的不管是文科还是理科都有一个文风的问题。杨振宁就特别强调,文章要有那种秋水般的风格。文风很重要,因为文风是一个人的思想境界和文化素养的综合表现,而像冯友兰先生、朱光潜先生、宗白华先生,他们的文章都写得特别好。第一是明白通畅。我们现在有人写文章叫人家看不懂,包括我们一些学生。我有个研究生,我说你的文章,我怎么越来越看不懂了,你说你写得深刻,但是康德和黑格尔不见得不比你深刻,我还能看得懂,怎么你的我就看不懂了呢。第二是有味道。有味道就更难了。冯友兰先生到八九十岁的时候写的文章依然很有味道。我随便举一个例子。他八十多岁写了一篇文章。当时出了一些中国哲学家画传,比如说孔子画传、孟子画传,画一个孔子然后写一篇传,画一个孟子写一篇传。冯先生的文章就是来讨论这个画像的。他说孔子谁也没有见过,死了几千年了，也没有照片留下来。那么怎么画呢？怎么叫像，怎么叫不像呢？那么是不是就可以随便画了呢？冯先生说不，不能随便画，还是有一个像不像的问题。为什么呢？因为孔子用他的言论和行动在后人心目当中留下了一个精神形象，你画孔子必须要符合这个精神形象，这就说得非常好。我听了冯先生的话以后，有一次我到某一个地方，看到那里有一组雕塑，是表现孔子跟几个学生谈话的场景。孔子说你们平时都说没有时间谈你们的理想，今天你们谈一谈吧。有一个学生说我想当一个小官，另一个学生说我要怎么样治理国家。最后，曾点说我跟他们不一样。孔子说那也没有关系，你就说说。曾点说我的理想是几个大人和几个小孩，在春天的时候到河里游泳，然后穿上春天的服装，吹着春风，唱着歌回家。孔子听了以后叹口气说，我还是比较同意曾点的这种理想啊，"吾与点也"。但是我看那组雕塑，人物一个一个垂头丧气、愁眉苦脸的，我就觉得根本不是这种精神状态，这就不像。接下去就精彩了，冯先生接下去讨论小说改编为戏剧的问题，也就是意象世界转换的问题。他说我个人不喜欢看按照《红楼梦》小说改编的戏剧。那时候冯先生还没有看到电影和电视，只有戏曲。他说他看了总觉得舞台上那些人不像。他说："你看吧，小说里面那些贾宝玉最不喜欢的老妈子、粗使丫头，小说里面很鄙俗的人，在小说里都写得'俗得很雅'；等到把小说里面的那些女孩搬到舞台上，你看舞台上那些最雅的人都是'雅得很俗'。"你看冯先生说得多妙，当时他已是八十多岁的高龄了。我现在看电视剧和电影里的一些人物，也觉得是"雅得很俗"，他没有那种经历，没有那种气质，他要表现的雅表现不出来，结果就弄得很俗。文章要写得有味道。我有个建议，不管你们是文科生还是理科生，有空的时候把"五四"以来老一辈学者的书拿来看看，冯友兰的、朱光潜的、闻一多的。闻一多先生论庄子、论唐代诗人的文章都写得非常好，那也是学术论文，可是写得那么生动,那么深刻,生动而深刻。不像我们现在一些学术论文拖泥带水、死气沉沉。

第四,这些老一辈的学者,在他们身上都体现出北京大学的人文精神和人文传统。我刚才提到的朱光潜先生,他在粉碎"四人帮"以后,八十多岁了,不到三年就翻译整理出版了一百五十多万字的著作。朱先生去世以后我写了一篇文章悼念他,我引用了小时候看到的丰子恺先生的一幅漫画。画什么呢?画一棵大树被拦腰砍断,四面萌发着很多枝条,旁边站了一个小女孩把这棵树指给她的弟弟看,上面题了一首诗:"大树被斩伐,生机并不息。春来怒抽条,气象何蓬勃!"你看拿这幅画和这首诗来作为朱光潜先生生命力、创造力和人生境界的象征,不是非常恰当吗?

再比如冯友兰先生,他九十岁的时候眼睛看不见了,耳朵也听不清了,但是他还在写他的《中国哲学史新编》,他自己不能写,就口述,别人给他记下来。冯先生九十岁的时候学生去看他,对他说:"冯先生你眼睛都看不见了,耳朵也听不见了,你还要写,你应该休息休息。"冯先生说:"我眼睛看不见了,不能看新的书了,但是我还可以把我过去读过的书拿来思考,来产生新的理解。"我跟同学说这个话很重要,一些经典著作你读过一次还可以再读,为什么呢?可以产生新的理解。冯先生说:"我就好像一头老牛躺在那个地方,把过去吃下的东西吐出来咀嚼,其味无穷,其乐也无穷。古人所谓'乐道'大概就是这个意思吧!""乐道",就是一种精神的愉悦,一种精神的享受。同学们你们有没有这种体会,比如说你晚上看一本经典著作,你看到有一段特别精彩的东西,就会感到非常激动,有一种喜悦,因为真理的光芒照耀到你的全身,这就是"乐道"。冯先生又说:"人类的文明好像一笼真火,几千年不灭地在燃烧。为什么几千年不灭呢?因为古往今来对人类文明有贡献的人,文学家、艺术家、科学家、思想家等,他们是呕出心肝,用自己的脑汁作为燃料加进去,所以这个人类文明的真火才不灭。""呕出心肝"是一个典故,就是唐代诗人李贺,他骑在毛驴上想到一句诗就写下来放到口袋里面,他的母亲说这个孩子要呕出心肝。冯先生问:"他为什么要呕出心肝呢?"冯先生回答说:"他是欲罢不能。这就像一条蚕,它既生而为蚕,就只有吐丝,'春蚕到死丝方尽',它也是欲罢不能。""欲罢不能"四个字太好了,这就是北京大学的人文传统、人文精神。这种人文传统、人文精神构成北京大学一种人文的氛围、一种人文的环境。这个人文氛围和人文环境用四个字来概括就是"欲罢不能"。一所大学有没有这种环境和氛围,给人的感觉完全不一样。一个人生活在北京大学这种环境和氛围中,会油然而生一种崇高感、历史感、使命感。这种历史感、崇高感、使命感会鼓舞和推动我们在新的时代条件下进行新的创造,开拓新的境界。

除了刚才讲到的朱光潜、宗白华之外,我们还有一位美学家,大家也许不太知道,他就是邓以蛰先生。邓先生比宗先生和朱先生年龄稍微大一点,他也搞美学,是清代大书法家邓石如的五世孙。邓以蛰先生的篆书和隶书都非常好,但是因为1949年以后他肺部有毛病,没有怎么讲课,外面的活动不太多,所以大家不了解他。他住在镜春园,我们经常去看他,他把他收藏的很多著名书法作品拿出来给我们看,还有他自己以及邓石如的一些书法作品。邓以蛰先生还为我们国家培养了一位伟大的科学家——他的儿子,两弹元勋邓稼先。为什么要提一下邓以蛰先生呢,这也是一个原因。这是讲第三点,中国现代美学,我特别讲一讲北京大学这几位大学者,因为这构成了北大的传统。

（四）二十世纪五十年代的美学大讨论

二十世纪五十年代的美学大讨论，主要是讨论一个问题，就是美的本质，也就是美是主观的还是客观的，美在物还是在心。比如说一株梅花，这个梅花的美是梅花本身美呢，还是我心里觉得这个梅花美就是美？是主观的还是客观的？讨论这个问题，当时分成好几派，第一派认为美是客观的，代表人物是蔡仪，大家可能不熟悉，他是社科院文学所的研究人员。第二派认为美是主观的，代表人物是吕荧，当时是人民大学的教授，还有一位是高尔泰，当时是兰州的一位中学教师，是一位年轻人。第三派是朱光潜朱先生，他主张美是主客观的统一，这个梅花加上我的情趣合在一起成为梅花的形象，这才是美。梅花叫"物甲"，"物甲"不是美；梅花的形象是"物乙"，"物乙"才是美。"物乙"有我的情趣，这才是美。其实朱先生的主张是比较接近真理的。第四派是李泽厚，他是北大毕业的，后来到社科院工作，研究近代思想史，研究康有为、谭嗣同和梁启超的哲学。这时候他也参加了美学讨论，提出美是客观性和社会性的统一的观点。他说，蔡仪先生看到美的客观性，没有看到美的社会性，朱光潜先生看到美的社会性，但是没有看到美的客观性，而他自己则把美的客观性和社会性统一起来。我们当时都是学生，觉得李泽厚不错，既是唯物论，又是辩证法。那时赞同李泽厚观点的人很多，他一下子名声大振，就这么出名了。

这个讨论非常热闹，到了二十世纪六十年代初，阶级斗争的形势非常紧张了，讨论就继续不下去了，但在当时是比较热闹的，《人民日报》《光明日报》整版刊登美学讨论的文章。贺麟先生写了一篇批评朱光潜的文章，连续刊登了两大版，现在很难想象，《人民日报》会整版刊登这种学术文章。这场讨论，现在看起来有两个问题。第一，当时对朱先生的批评，现在看有片面性，当时把朱先生的理论全盘否定,其实刚才讲了,朱先生在引进西方美学方面,以及在美学基本理论方面,都很有贡献。当时全盘否定朱光潜,同时也就割断了跟西方近现代美学理论的联系,也割断了我们跟中国传统美学的联系。朱先生说,当时有一种迷信式的恐惧,谁也不敢讲"主观",一讲"主观"就是唯心论,"心"也不敢讲,都是唯心论。审美活动没有"心"怎么行呢?宗白华先生说,"一切美的光是来自心灵的源泉,没有心灵的映射,是无所谓美的"[1],就是说,美是不能脱离心灵的。宗先生引瑞士思想家埃米尔的一句话,"一片自然风景是一个心灵的境界"。二十世纪五十年代的讨论全盘否定朱光潜的理论,其结果是使我们美学理论的建设离开了美学发展的"主航道","主航道"是我自己用的一个词。当时讨论中不管哪一派,大前提都是把美学纳入了一个主客二分的认识论的框框:主观和客观,客观是第一性,还是主观是第一性,物质第一性还是意识第一性。其实美学问题不是认识论的问题。这使得美学学科的建设离开了"主航道"。

因此尽管很热闹,那一次美学大讨论在理论上并没有多大的进展,这是我的看法。改革开放以后,王朝闻主编的《美学概论》出版了,后来成为二十世纪八十年代各种美学教材的母本,后来的美学教材大体都是按照这本书的框架编写的。这本书在"文化大革命"以前就开始编了,王朝闻把美学讨论中一些比较活跃的青年学者集中在一起编了这本教材,主要是采取李泽厚的观点,所以可以看做是五十年代美学讨论成果的总结。到了二十世纪八十年代以后,改革开放了,外面的东西进来了,人们的思想也解放了,大家就开始反思五十年代这一场美学大讨论,感到这一场美学大讨论在理论上,包括王朝闻主编的这一本书,还有很多问题,这不是我们批评王朝闻或哪个人,不是这个意思,因

---

[1] 宗白华:《中国艺术意境诞生》,见《意境》,第151页。

为这本书是一个历史的产物，是在当时特定的历史环境下产生的。第一，这本书整个框架太窄，就讲了三个部分：第一部分是讲美，美是主观的还是客观的；第二部分讲美感，美感讲得也很简单；第三部分讲艺术，讲艺术跟一般的艺术概论也没有什么差别，而美学史上很多丰富的内容，美学很多分支学科的新成果都没有吸收进来，面太窄，内容太贫乏，读起来就没有意思、没有味道了。第二，这本书没有中国的东西，里面所有的概念、范畴、命题都是西方的——从柏拉图到十九世纪俄国革命民主主义者的美学，十九世纪以后就不讲了。第三，这本书没有二十世纪的东西，西方近现代美学的成果都没有吸收。第四，这本书跟我们改革开放以后的审美实践与艺术实践没有联系。因为这四个缺点，所以大家觉得应该突破这个框架。二十世纪八十年代末期一直到九十年代，很多人写书，都是试图突破二十世纪五十年代的美学大讨论和这本总结这一场美学大讨论成果的书。

第一个问题讲完了，主要是介绍美学学科建设的背景。

二、要突破五十年代美学大讨论的局限，必须从朱光潜"接着讲"

这个"接着讲"是冯友兰先生提出来的一个概念。冯先生说哲学史家是"照着讲"，比如说康德怎么讲的，朱熹怎么讲的，我就照着讲，把康德、把朱熹介绍给大家。但是哲学家不同，哲学家不能限于"照着讲"，他要反映新的时代精神，他要有所发展，有所创新，冯先生叫"接着讲"，比如说康德讲到哪里你要接着讲，朱熹讲到哪里你要接着讲。冯先生说，"这是哲学人文学科和自然科学很大的不同"，"我们讲科学可以离开科学史，但是讲哲学必须从哲学史讲起,学哲学也必须从哲学史学起,讲哲学都是接着哲学史讲的"。[1]比如说讲物理学者不必从亚里士多德的物理学讲起,讲天文学者不必从毕达哥拉斯的天文学讲起,但是你讲西方哲学必须从苏格拉底、柏拉图讲起,讲中国哲学必须从孔子、老子讲起,《老子》五千言什么时候也不能不读,学哲学的人首先要读老子、孔子,所以哲学是接着哲学史讲的,哲学如此,美学作为哲学的一门学科也是如此,美学也离不开美学史,美学也要接着讲。

那么,美学应该接着谁来讲呢?从哪儿接着讲呢?当然一直往前追溯可以是从老子、孔子,从柏拉图、亚里士多德接着讲,但是如果从最近的继承关系来讲,我们应该从朱光潜接着讲。在这里,我要说一个看法,五十年代以后有一段时间人文学科有一个失误就是对五四以来的前辈学者基本上采取否定的态度,把他们放到一边,像冯友兰、朱光潜,认为这些老的学者都是搞唯心论的,他们的书也不看了,他们的一些有价值的东西也不去继承了,这是很大的失误,我觉得在很大程度上影响了我们人文学科的发展。

要"接着讲",为什么要强调朱光潜呢?因为朱先生更重视基础性的理论工作,重视美学和人生的联系,他突出了对意象的研究,这对我们把握中国美学宏观的方向很有意义。宗白华先生同样重视意象的研究,重视心灵的创造作用,而且他从文化比较的高度来阐释中国传统美学的精髓,帮助我们认识中国美学思想的核心和亮点。宗先生很多深刻的思想可以源源不断地启发今后美学史、美学理论的研究。很多年以前我就在很多场合提倡,要细读这些前辈学者的著作,不要粗枝大叶地翻一下就算了,要细读汤用彤,细读冯友兰,细读朱光潜,细读熊十力,细读这些前辈学者的东西可以读出许多新的东西,可以读出许多对于我们今天仍然很有启发的东西,而且可以把我们的品味提上去,可

---

[1] 参见冯友兰:《论民族哲学》,《三松堂全集》第五卷,河南人民出版社1989年版,第310页。

以使我们更快地成熟起来。已故的张岱年先生曾经说过,熊十力的哲学思想就其深刻性来说和西方当代像海德格尔这样一些大哲学家比起来毫不逊色,张先生的话也是启示我们要细读这些前辈学者的著作。我想这可能是推进我们人文学科发展的一条重要的途径。

从朱光潜"接着讲"并不是专注于研究朱先生一个人的思想,而是沿着他开创的学术道路,在新的时代条件、时代课题面前做出新的探索。"接着讲"的目的是回应我们时代的要求,反映新的时代精神,这必然要推动我们对朱光潜、宗白华、冯友兰等前辈学者的工作有所超越。所以"接着讲"必然要求超越,并不是说照搬他们的东西。这是我讲的第二点,就是要突破"五十年代美学大讨论"的局限,必须从朱光潜"接着讲"。

三、提出美在意象的理论框架是"接着讲"的一种尝试

从二十世纪八十年代以来我一直在思考这条"接着讲"的路线,逐渐形成了一个以"美在意象"为核心的理论框架,2009年我出了一本书叫做《美学原理》,2010年又出了这本书的彩色插图本叫《美在意象》,内容基本上是一样的。这个理论框架有三个核心的概念,一个叫做意象,一个叫做感兴,一个叫做人生境界。

意象、感兴、人生境界这三个核心概念都是中国美学的概念。意象就是我们讲的审美对象,美在意象;感兴相当于西方哲学家狄尔泰到伽达默尔所说的"体验",就是审美感受、审美经验,简单地说就是美感;人生境界就是说审美活动对人生的意义最终归结起来是提升人生境界。这三个概念构成了这个理论架构的核心,讲美学可以讲很多内容,自然美、艺术美、社会美、优美、崇

高、喜剧、悲剧等等，但是从理论核心来讲就围绕这三个概念，这需要许多理论的论证和说明，今天就不讲了。但是我可以举两个例子，也许能够帮助在座的同学有一点感觉。

第一个例子，因为今天是中秋节，我举月亮的例子。今天月亮是最圆的，但是今年的月亮是最小的，我不知道是什么原因，这要自然科学来论证了。我现在从美学上来讲，月亮的美，对每个人就不一样了。比如说杜甫有句诗"月是故乡明"，这个月亮作为物理的实在到处都是一样的，故乡的月亮不会特别亮，为什么"月是故乡明"呢？原因就在于这里的月亮从美的对象来讲它不是一个物理的实在，而是一个意象世界，月亮的美就在于这个意象世界。季羡林先生曾经写过一篇《月是故乡明》的散文，写得非常好。他说，他故乡的小村庄在山东西北部的大平原上，那里有几个大苇坑。每到夜晚，他走到苇坑边，"抬头看到晴空一轮明月，清光四溢，与水里的那个月亮相映成趣"，有的时候在坑边玩很久才回家睡觉，"在梦中见到两个月亮叠在一起，清光更加晶莹清澈"。他说，"我只在故乡待了六年，以后就背井离乡，漂泊天涯"，到他写文章的时候已经过去四十多年了，"在这期间我曾经到过世界上将近三十个国家，我看过许许多多的月亮，在风光旖旎的瑞士的莱芒湖上，在平沙无垠的非洲大沙漠中，在碧波万顷的大海中，在巍峨高耸的高山上，我都看到过月亮，这些月亮应该说都是美妙绝伦的，我都异常喜欢，但是，看到它们，我立刻就想到了故乡中那个苇坑上面和水中的那个小月亮。对比之下，无论如何我也感到，这些广阔世界的大月亮，万万比不上我那心爱的小月亮。不管我离开我的故乡多少万里，我的心立刻就飞来了。我的小月亮，我永远忘不掉你"。季先生说那些广阔世界的大月亮比不上他故乡的小月亮，这并不是作为物理实在的月亮的不同，他那个心爱的小月亮不是一个物理的实在，而是一个情景相融的意象世界，是一个充满了意蕴的感性世界，其中融入了他对故乡无穷的思念和无限的爱，他自己说"有追忆，有惆怅，有留恋，有惋惜"，"在微苦中有甜美在"，这个情景相融的意象世界就是美。

我们看古往今来多少人写过月亮的诗，但是在诗里面呈现的是不同的意象世界，比如说"月上柳梢头，人约黄昏后"，这是一个皎洁、美丽、欢快的意象世界；再比如说"江上柳如烟，雁飞残月天"，这是另外一种意象世界，开阔、清冷；再比如说"明月出天山，苍茫云海间。长风几万里，吹度玉门关"，这又是另外一种意象世界，沉郁、苍凉，和"月上柳梢头""雁飞残月天"的意趣都不一样。再比如，林黛玉、史湘云在月下联句，"寒塘渡鹤影，冷月葬花魂"，这是一种寂寞、孤独、凄冷的意象世界，和前面几首诗中的意趣又完全不同。同样是月亮，但是意象世界不同，它所包含的意蕴也不同，给人的美感也不同。这些月亮的诗句说明，审美意象不是一种物理的实在，也不是一个抽象的理念的世界，而是一个完整的、充满意蕴的、充满情趣的感性世界。这个意象世界不能够脱离人的审美活动，不能脱离美感，不能脱离人的创造。刚才王恩哥院长讲话就引了唐代哲学家柳宗元的一句话"美不自美，因人而彰"，柳宗元说兰亭如果不碰到王羲之这些人去的话，那里的泉水、竹子就在山里面荒芜了，因为没有人来照亮它。"美不自美，因人而彰"，美的东西并不是因为它本身就是美的，必须要有人来发现它，要有人来唤醒它，必须要有人来照亮它，使它从物理的实在变成一个意象世界。所谓意象世界就是一个完整的、有意蕴的感性世界。"因人而彰"，这个"彰"，就是发现，就是唤醒，就是照亮。外在的物当然是不依赖于我而存在的，但是外在的物并不是美。美并不在外物，并不在"自在之物"，或者说外物并不是单单靠着自己就能够成为美的，"美不自美"，美离不开人的审美体验。法国哲学家萨特有一段话有同样的意思,他说人是万物显示自己的手段。他说,是我们使这棵树和这片天空发生了关联,多亏了我们,这颗灭迹了几千年的星、这弯新月和这条阴沉的河流才构成了一个统一的风景。我们去看它,它变成了风景,这个风景如果我们弃之不顾,它就失去了见证者,停滞在永恒的默默无闻之中,这和刚才引的柳宗元的话是同样的意思。兰亭的竹子、泉水如果没有王羲之他们就芜没于空山,在空山里面荒芜了。但是并不是因为没有发现它就消失了,不是的,它不会消失,但是停滞在麻痹状态,等到有另外一个人来唤醒它。必须要有人来发现它,有人来照亮它,有人来唤醒它,使它成为一个风景,成为一个意象世界,成为一个美。

德国的哲学家席勒也说过一句话,他说:"事物的实在是事物的作品。"[1]就像刚才讲的,月亮作为一个物理实在是月亮的作品,"事物的外观是人的作品",月亮显现出来要靠人,它对人显现。就像郑板桥说的,早上起来走到院子里面,太阳照进来,竹枝摇摇摆摆,"胸中勃勃,遂有画意"[2],就想画画了,有创作的冲动,其实呢,他说"胸中之竹并不是眼中之竹"[3]。这些日影、竹影必须要人来发现它,来照亮它,使它成为"胸中之竹"。"胸中之竹"就是意象,就是美。事物的显现是人的作品,所以朱光潜先生一再强调,美的东西不能离开观赏者,它得有人的创造。意象的"象"离不开我"见"的活动,有"见"的活动,"象"才显现出来。所以美的观赏都带有几分创造性。朱先生举北斗星为例。北斗星本来是七个光点,而且是散乱的,它和它旁边的星星是一样的,但是到了我的眼中,到我的心中,它是一个斗,是一个完整的形象,

---

[1] [德] 席勒:《美育书简》,徐恒醇译,中国文联出版社1984年版,第133页。
[2] 郑板桥:《郑板桥集·题画》。
[3] 同上。

这个形象是我赋予它的。所以朱先生说所见物的形象都有几分是"见"所创造的。美的观赏都是创造，这里面我们要引一段很有名的话，就是王阳明的话。王阳明和朋友去游山，朋友说："你说天下无心外之物，比如说这树花，在深山中自开自落，跟我的心有什么关系呢？"王阳明回答说："你未看此花时，此花与汝心同归于寂。"[1]你没有来看这树花的时候，这树花跟你的心一样是空寂的，"你来看此花时，此花的颜色一时明白起来"，你看这花的时候，这花的颜色一下子就被照亮了。他在这儿讨论的问题就是意象世界的问题。意象世界总是被构成的，它离不开审美活动，离不开人的意识的一种生发的机制。因为离开了人的意识的生发机制，天地万物就没有意义，就不成为美。你没有去看深山中的花，这个花当然存在，但是它跟人心"同归于寂"。"寂"就是遮蔽而没有意义，谈不上什么颜色美丽，只有人来看这个花的时候，这个花才被人照亮，所以"此花的颜色一时明白起来"。王阳明的哲学关心的是人和万物交融的一个生活世界，而不是一个物和人相隔绝的抽象世界。世界万物由于人的意识而被照亮了，被唤醒了，从而构成一个充满意蕴的意象世界、美的世界。意象世界是不能脱离审美活动而存在的，美只能存在于美感活动中，这就是美和美感的统一。

  以上我举了几个简单的例子，说明美在意象，美不能脱离审美活动。

  这个"美在意象"的理论核心，在理论上最大的特点就是重视心的作用，重视精神的价值。这个心并不是被动的反映论的"意识"或"主观"，而是具有巨大能动作用的意义生发机制。心的作用，就是刚才王阳明的话所揭示的，赋予和人无关的外在世界以精神性的意义，这些意义之中也涵盖了美的判断。离开人的意识的生发机制，天地万物就没有意义，就不能够成为美，所以美在

---

[1] 王阳明：《王阳明全集·传习录》。

意象的命题实质上就是恢复创造性的心在审美活动中的主导地位，提高心灵对于事物意义的承载能力和创造能力。

提出这个理论核心，并不仅仅是出于一种美学知识体系建设的需要，更重要的是要突出审美与人生、审美与精神境界的提升和价值追求的密切联系。美的本体之所以是"意象"，审美活动之所以是意象创造活动，就是因为它可以照亮人生，照亮人与万物一体的生活世界。美学研究的全部内容，最后归结起来就是引导人们去努力提升自己的人生境界，使自己具有一种光风霁月般的胸襟和气象，去追求一种更有意义、更有价值、更有情趣的人生。所以真正的中国美学的研究不仅可以使人们获得理论和知识的滋养，培养起纯理论的兴趣，更重要的是可以使我们更好地感受人生、体验人生，获得心灵的喜悦和境界的提升。所以这个理论构架如果用八个字来概括，可以概括为"美在意象，照亮人生"。

提出这个理论核心是对中国传统美学精神的一种继承。我们在一开头就说过，中国传统美学的最大特点是与人生紧密结合的，它十分重视精神的层面，十分重视心灵的作用。同时，提出这个理论核心，也是对时代要求的一种回应。当代人类社会生活一个突出的问题就是人的物质追求和精神生活之间失去平衡。二百年前，哲学大师黑格尔在海德堡大学开始他的哲学史的讲演的时候，曾经对他那个时代轻视精神生活的社会风气感慨万分。他说："现实上很高的利益和为了这些利益而作的斗争……使得人们没有自由的心情去理会那种较高的内心生活和较纯洁的精神活动，以致许多优秀的人才都为这种环境所束缚，并且部分地被牺牲在里面。"[1]黑格尔所描绘的十九世纪初期的社会风气，在人类进入二十一世纪的时候，不仅重新出现了，而且显得更为严重了。无论是发达国家还是发展中

---

[1] ［德］黑格尔：《开讲辞：一八一六年十月二十八日在德堡大学讲》，《哲学史讲演录》第一卷，商务印书馆1997年版。

国家,都面临着一种危机和隐患,就是物质的、技术的、功利的追求在社会生括中占据了压倒一切的统治地位,而精神的活动和精神的追求则被忽视、被冷淡、被挤压、被驱赶。这样发展下去,人就可能成为马尔库塞所说的"单面人",成为没有精神生活和情感生活的单纯的技术性的动物和功利性的动物。因此,从物质的、技术的、功利的统治下拯救精神就成了时代的要求、时代的呼声。我们当代的美学应该回应这个时代要求,更多地关注心灵世界与精神世界的问题,而这又正好引导我们回到中国的传统美学,引导我们继承中国美学的特殊精神和特殊品格。在我看来,继承中国美学的特殊精神和特殊品格,与回应时代的要求、反映新的时代精神这两个方面是一致的。这是我讲的第三个问题,就是提出"美在意象"的理论框架,是从朱光潜"接着讲"的一种尝试。当然这种尝试不一定是非常成功的,是需要大家来讨论的。

四、创建有中国特色或者说有北大特色的美学学派是否可能

我们这两年在讨论学科建设的时候,很多人常常谈到创建学派的问题,我个人认为这的确是一个需要提出来思考和研究的问题。

我在十多年以前出版了一本书,叫做《胸中之竹》,我在那本书的序言里面曾经提到这个问题。刚才讲了五十年代美学大讨论分成几大派,很多人就说这是中国美学的学派,我认为这是不准确的。任何一场大大小小的学术争论都会有不同的观点或者说都会分成若干派,但是这还不是学派。学派的形成,有几个基本的标志:一要有自己的理论观点和理论体系,二要形成独特的治学风格,三要有原创性的学术成果,四要有一支优秀的学术队伍。一个在历史上产生过积极影响的、有生命力的学派总是在不同程度上从某个侧面反映了时代精

神和民族精神。在我们的美学领域，还不能说已经有了真正的学派。五十年代美学讨论中的几大派，讨论的问题非常有限、狭窄，而且它的大前提在我看来是不对的。讨论中那几大派可以说是学派的雏形，接下去就发生了"文化大革命"，学术研究和学术讨论中断了十年，在那样的历史条件下，美学讨论的几大派别没有可能发展成为真正的学派。

但是现在历史条件已经发生了巨大的、深刻的变化。我们已经进入了一个改革开放和实现现代化的时代，这也是我们中华民族的文化实现伟大复兴的时代。这样一种时代条件，使得在学术领域创立新的学派成了一种需要，同时也有了实现的可能。

中外的学术史告诉我们，没有学派，就没有理论的原创性；没有学派，就没有真正的百家争鸣；没有学派，就没有学术的大发展和大繁荣。在同一个学科领域中出现不同的学派以及不同学派之间的争论有利于学术的发展和繁荣。但是学派不是宗派，宗派和宗派之间往往是你死我活、势不两立，而学派和学派之间则应该是互相尊重、和而不同。每个学派都应该像荀子说的那样，"以仁心说，以学心听，以公心辨"，要抛弃那种武断、骄横、褊狭、刻薄的学风和文风。

这次在第十八届世界美学大会上，我也重申了我这个想法，特别就中国的美学学科来讲，创建一个具有中国特色的新的学派，或者说创建一个体现北京大学学术传统和治学风格的美学学派，我觉得现在确实有一种现实的可能性。主要是我们现在有这么几个条件，第一，我们学术界已经初步形成了一个共识，就是我们要立足于中国文化，吸收世界学术成果，中西融合，这是今后学术发展的一个大方向，就是刚才我们讲到的从中国近代以来就走的这条道路；第二，我们中国美学界已经有了比较厚实的学术积累和人才储备，同时也有了比较畅通的学科综合和国际交流的渠道；第三，新的时代给我们提出了理论和实践上的新的问题，时代对我们提出了新的要求。在这样的一些条件下，我觉得我们有可能建立新的学派。我们应该有这样的信念，应该去创立一个反映新的时代精神的新的学派，创立一个能够体现我们北大的治学传统和治学风格的美学学派。当然这是一个长期的过程，也许要经过两三代人的努力，但是我觉得从现在起就应该确定这样一个目标。

创建具有中国特色或者是北大特色的美学学派，关键是我开头讲的要在美学理论的核心层面进行新的理论创造，要有一个稳定的理论核心。在这个过程中，我们要特别重视吸收朱光潜、宗白华、冯友兰等前辈学者的理论成果，也包括吸收现在仍然在不断进行创造的、老一辈学者的理论成果，比如我们哲学系的张世英先生，他现在已经89岁高龄，还在不断地写文章，他写了《天人之际》《哲学导论》，他是讲哲学的，但是里面有很大的篇幅是讲美学，包括我刚才讲到的人生境界的理论，至少我个人感到非常受启发。老一辈学者的理论成果我们都要吸收，我们不能撇开他们从头来做，一切自我创造，那是违背人文学科发展规律的。这就是我讲的要从朱光潜"接着讲"。刚才我介绍了自己的一点工作，就是提出"美在意象，照亮人生"这么一个理论框架，这可以看做是"接着讲"的一种尝试。

第四个问题讲完了，今天就讲到这里。

2010年9月23日（根据讲座录音整理）

从朱光潜"接着讲"

——纪念朱光潜、宗白华诞辰一百周年

一、"照着讲"和"接着讲"

冯友兰先生有一个提法:"照着讲"和"接着讲"。冯先生说,哲学史家是"照着讲",例如康德是怎样讲的,朱熹是怎样讲的,你就照着讲,把康德、朱熹介绍给大家。但是哲学家不同。哲学家不能限于"照着讲",他要反映新的时代精神,他要有所发展,有所创新,冯先生叫做"接着讲"。例如,康德讲到哪里,后面的人要接下去讲;朱熹讲到哪里,后面的人要接下去讲。

冯先生说,这是哲学、人文学科和自然科学的一个很大的不同。"我们讲科学,可以离开科学史,我们讲一种科学,可以离开一种科学史。但讲哲学则必须从哲学史讲起,学哲学亦必须从哲学史学起,讲哲学都是'接着'哲学史讲的。"[1] "例如讲物理学者,不必从亚里士多德的物理学讲起。讲天文学者,不必从毕达哥拉斯的天文学讲起。但讲西洋哲学者,则必须从苏格拉底柏拉图的哲学讲起。所以就哲学的内容说,讲哲学是'接着'哲学史讲的。"[2]

哲学是如此,美学作为一门哲学学科,当然也是如此。美学也不能离开美

---

[1] 冯友兰:《论民族哲学》,《三松堂全集》第五卷,第310页。
[2] 同上。

学史，美学也要"接着讲"。

那么我们今天讲美学，应该从哪儿接着讲呢？如果一直往前追溯，当然可以说从老子、孔子、柏拉图、亚里士多德"接着讲"。但是如果从最近的继承关系来说，也就是从中国当代美学和中国现代美学[1]之间的继承关系来说，那么我们应该从朱光潜"接着讲"。

我们这么说，是把朱光潜先生作为中国现代美学的代表人物来看待的。所以，从朱光潜"接着讲"，并不是从朱光潜先生一个人接着讲。除了朱光潜先生，还有宗白华先生，还有其他许多先生。

二、朱光潜是中国现代美学的代表人物

我们说朱光潜是中国现代美学的代表人物，最主要是因为朱先生的美学思想集中体现了美学这门学科发展的历史趋势。也正因为他的美学集中体现了美学发展的历史趋势，所以在中国现代的美学界，朱先生在理论上的贡献最大，最值得后人重视。

这可以从两方面来看。

第一，朱光潜的美学思想反映了西方美学从古典走向现代的趋势。

西方美学从古典走向现代的趋势，从思维方式看，就是从"主客二分"的模式走向"天人合一"（借用中国古代的这个术语）的模式。

西方美学史上长期占主导地位的思维模式是"主客二分"，就是把"我"

---

[1] 在美学著作中，"现代"一词有两种不同的含义和用法：一种是指理论形态和艺术形态，也就是在"传统"与"现代"或"古典"与"现代"相对立的意义上用的；一种是在"古代""近代""现代""当代"这种历史分期的意义上用的。此处用其第二义。但本文后面谈西方美学从古典走向现代的趋势时所说的"现代"，则是用其第一义。

与"世界"分割开,把主体和客体分成两个东西,然后以客观的态度对对象进行观察和描述。但是西方现代美学突破了这个模式,走向"天人合一"式的体验美学。这个转折,在朱光潜先生的美学中得到了反映。

朱光潜先生的美学,从总体上来说,还是传统的认识论的模式,也就是"主客二分"的模式。这大概同他受克罗齐的影响有关。但是在他对审美活动进行具体分析的时候,他常常突破这种模式,而趋向于"天人合一"的模式。朱先生在分析审美活动时最常用的话是"物我两忘""物我同一",以及"情景契合""情景相生"。在"物"与"我"、"情"与"景"的关系中,朱先生强调物的形象包含有观照者的创造性,强调物的形象与观照者的情趣不可分。

朱先生说:"'见'为'见者'的主动,不纯粹是被动的接收。所见对象本为生糙零乱的材料,经'见'才具有它的特殊形象,所以'见'都含有创造性。比如天上的北斗星本为七个错乱的光点,和它们的临近星都是一样,但是现于见者心中的则为像斗的一个完整的形象。这形象是'见'的活动所赐予那七颗乱点的。仔细分析,凡所见物的形象都有几分是'见'所创造的。凡'见'都带有创造性,'见'为直觉时尤其是如此。凝神观照之际,心中只有一个完整的孤立的意象,无比较,无分析,无旁涉,结果常致物我由两忘而同一,我的情趣与物的意态遂往复交流,不知不觉之中人情与物理相渗透。"[1]

这就是说,"象"包含"见者"的创造。"象"离不开"见"的活动。有"见"的活动,"象"才呈现出来。观者的"见"和物象的"现"是统一的过程。这个思想和西方现代哲学、美学有许多相通之处。

朱先生又说:"物的**形象**是人的**情趣**的返照。物的**意蕴**深浅和人的**性分**密切相关。深人所见于物者亦深,浅人所见于物者亦浅。比如一朵含露的花,在

---

[1] 朱光潜:《诗论》第三章,生活·读书·新知三联书店1984年版,第49页。

这个人看来只是一朵平常的花，在那个人看或以为它含泪凝愁，在另一个人看或以为它能象征人生和宇宙的妙谛。一朵花如此，一切事物也是如此。因我把自己的意蕴和情趣移于物，物才能**呈现**我所见到的**形象**。我们可以说，各人的世界都由各人的自我伸张而成。欣赏中都含有几分创造性。"[1]

这段话比上一段又推进了一层。物的形象所包含的"意蕴"是审美活动所赋予的，也就是"即景生情，因情生景"。情景相生而且契合无间，"象"也就成了"意象"。所以，西方美学从古典走向现代的趋势，在朱光潜先生美学思想中的反映，就是把审美对象从实在物转向意象。

朱先生的这种思想，可能和他受里普斯"移情说"的影响有关。我们在《现代美学体系》一书中曾指出，里普斯的"移情说"，尽管仍有明显的片面性，但已经包含了审美对象从实在物向意象的转折。里普斯说："审美的欣赏并非对于一个对象的欣赏，而是对于一个自我的欣赏。它是一种位于人自己身上的直接的价值感觉，而不是一种涉及对象的感觉。毋宁说，审美欣赏的特征在于在它里面我感到愉快的自我和使我感到愉快的对象并不是分割开来成为两回事，这两方面都是同一个自我，即直接经验的自我。"[2]我们在朱光潜先生的著作中，可以很清楚地看到里普斯这种思想对他的影响，朱先生用"移情作用"来解释"即景生情，因情生景"，解释意象的创造。[3]

第二，朱光潜的美学思想反映了中国近代以来美学发展的历史趋势：寻找中西美学的融合。

中国历史进入近代以后，如何对待中西文化的矛盾始终是中国文化界、知

---

[1] 朱光潜：《"子非鱼，安知鱼之乐？"——宇宙的人情化》，见《谈美》，安徽教育出版社1989年版，第40—41页。
[2] ［德］里普斯：《论移情作用》，译文引自《古典文艺理论译丛》1964年第8期。
[3] 参见朱光潜：《诗论》第三章第二节，第49—52页。

识界面临的一大课题。人们提出了各种主张，争论一直不断。

在美学领域，几位大学者，梁启超、王国维、蔡元培，他们有一个共同点，就是寻求中西美学的融合。王国维的《人间词话》最明显地表现了这种追求。

到了现代，朱光潜的美学也反映了这个趋势，最明显的是朱光潜先生的《诗论》。朱先生自己说，在他的著作中，他最看重的是《诗论》这本书。他企图用西方的美学来研究中国的古典诗歌，找出其中的规律。实际上这也是一种融合中西美学的努力。这种努力集中表现为对于诗歌意象的研究。《诗论》就是以意象为中心来展开的，可以说就是一本关于诗歌意象的理论著作。

以上我们说了两个方面：一方面是说朱光潜先生的美学思想反映了西方美学从古典走向现代的趋势，另一方面是说朱光潜先生的美学思想反映了中国近代以来寻求中西美学融合的历史趋势。而这两个方面，都集中表现为朱先生对于审美意象的重视和研究。

三、朱光潜对"意象"的重视和研究

"意象"本来是中国古典美学的一个核心概念。中国古典美学认为，"情""景"的统一乃是审美意象的基本结构。中国古典美学强调，对于审美意象来说，"情"和"景"是不可分离的："景无情不发，情无景不生。"[1] 离开主体的"情"，"景"就不能显现，就成了"虚景"；离开客体的"景"，"情"就不能产生，也就成了"虚情"：这两种情况都不能产生审美意象。只有

---

[1] 范晞文：《对床夜语》。

"情""景"的统一,所谓"情不虚情,情皆可景,景非滞景,景总含情"[1],才能构成审美意象。

中国古典美学对于"情""景"关系的分析,实际上已经接触到审美主客体之间的意向性结构:审美意象正是在审美主客体之间的意向性结构之中产生,而且只能存在于审美主客体的意向性结构之中。[2]

朱光潜先生吸取了中国古典美学关于"意象"的思想。在朱先生的美学中,审美对象("美")是"意象",是审美活动中"情""景"相生的产物,是一种创造。

朱先生在《谈美》这本书的"开场话"中就明白指出:

> 美感的世界纯粹是意象世界。

他在《谈文学》这本书的第一节也指出:

> 凡是文艺都是根据现实世界而铸成另一超现实的意象世界,所以它一方面是现实人生的返照,一方面也是现实人生的超脱。[3]

朱先生一再强调指出,把"美"看成是天生自在的物,乃是一种常识的错误:

---

[1] 王夫之:《古诗评选》卷五谢灵运《登上戍石鼓山诗》评语。
[2] 参见叶朗主编:《现代美学体系》,北京大学出版社1988年版,第116页。
[3] 朱光潜:《谈文学》,安徽教育出版社1996年版,第6页。

以"景"为天生自在，俯拾即得，对于人人都是一成不变的，这是常识的错误。阿米尔（Amiel）说得好："一片自然风景就是一种心情。"景是各人性格和情趣的返照。情趣不同则景象虽似同而实不同。比如陶潜在"悠然见南山"时，杜甫在见到"造化钟神秀，阴阳割昏晓"时，李白在觉得"相看两不厌，惟有敬亭山"时，辛弃疾在想到"我见青山多妩媚，料青山见我应如是"时，姜夔在见到"数峰清苦，商略黄昏雨"时，都见到山的美。在表面上意象（山）虽似都是山，在实际上却因所贯注的情趣不同，各是一种境界。我们可以说，每人所见到的世界都是他自己所创造的。物的意蕴深浅与人的性分情趣深浅成正比例，深人所见于物者亦深，浅人所见于物者亦浅。诗人与常人的分别就在此。**同是一个世界，对于诗人常呈现新鲜有趣的境界，对于常人则永远是那么一个平凡乏味的混乱体。**[1]

这就是说，"意象"是创造出来的，"美"（审美对象）是创造出来的。

朱光潜先生的这个思想和中国传统美学是相通的。柳宗元说："夫美不自美，因人而彰。兰亭也，不遭右军，则清湍修竹，芜没于空山矣。"[2] 王夫之说："情景虽有在心在物之分，而景生情，情生景，哀乐之触，荣悴之迎，互藏其宅。"[3] 又说："情景名为二，而实不可离。"[4] 王国维说："一切境界，无不为诗人设。世无诗人，即无此种境界。夫境界之呈于吾心而见诸外物者，皆须臾之物。惟诗人能以此须臾之物，镌诸不朽之文字，使读者自得之。"[5]

---

[1] 朱光潜：《诗论》第三章，第51—52页。
[2] 柳宗元：《邕州柳中丞作马退山茅亭记》。
[3] 王夫之：《姜斋诗话》。
[4] 同上。
[5] 王国维：《人间词话》。

这几位大学者的话，都是说明审美活动是审美主体和审美客体的沟通。这种沟通的中介以及沟通的结果，都是审美意象。因此，审美意象既不可能是单纯审美客体的感性形式（实在的"景"），也不可能是审美主体的抽象心意（抽象的"情"）。审美意象是审美活动的产物。

朱光潜先生的这个思想和西方现代美学也是相通的。西方现代的体验美学的一个特点是强调审美体验的意向性：客体的显现（"象"）总是与针对客体的意向密切相关。意向刺激主体和客体去自我揭示。在意向性中，主体和客体只是产生意蕴的条件。意蕴产生于意向过程。正是意蕴使客体成为对象，即成为被感兴的一个整体。[1]人的存在自身有一种从实在中升华而透悟生命本真的能力，这就是审美的体验能力，因而人才根本不同于动物。当人把自己的本体存在即生命存在灌注到实在中去时，实在就可能升华为非实在的形式，即从实在分离出一种无功利、无概念、无目的的形式。例如一座远山，就是一个实在，然而这座远山可能由于灌注了生命的存在，而充满了一种不可言说的意蕴，于是这座远山就成了一个"意象"，而脱离和超越了实在的远山。审美的前提和目的都是要使内容变为形式，使实在变为意象。[2]

由此可见，由于抓住了"意象"这个概念以及通过对"意象"的解释，朱光潜先生找到了中西美学（中国传统美学和西方现代美学）的契合点。

朱光潜先生关于意象的这种思想，一直没有放弃。在五十年代美学大讨论中，他提出"美是主客观的统一"的主张。在论证这一主张时，他提出"物"（"物甲"）和"物的形象"（"物乙"）的区分。朱先生认为，美感的对象是"物的形象"而不是"物"本身。"物的形象"是"物"在人的既定的主观条件

---

[1] 参见叶朗主编：《现代美学体系》，第566页。
[2] 同上书，第559页。

（如意识形态、情趣等）的影响下反映于人的意识的结果。这"物的形象"就其为对象来说，也可以叫做"物"，不过这个"物"（姑简称"物乙"）不同于原来产生形象的那个"物"（姑简称"物甲"）。朱先生说：

> 物甲是自然物，物乙是自然物的客观条件加上人的主观条件的影响而产生的，所以已不纯是自然物，而是夹杂着人的主观成分的物，换句话说，已经是社会的物了。美感的对象不是自然物而是作为物的形象的社会的物。美学所研究的也只是这个社会的物如何产生，具有什么性质和价值，发生什么作用；至于自然物（社会现象在未成为艺术形象时，也可以看作自然物）则是科学的对象。[1]

朱先生在这里明确指出，"美"（审美对象）不是"物"而是"物的形象"。这个"物的形象"，这个"物乙"，不同于物的"感觉印象"和"表象"。[2]借用郑板桥的概念，"物的形象"不是"眼中之竹"，而是"胸中之竹"，也就是朱先生过去讲的"意象"。朱先生说："'表象'是物的模样的直接反映，而物的形象（艺术意义的）则是根据'表象'来加工的结果。""物本身的模样是自然形态的东西。**物的形象是'美'这一属性的本体**，是艺术形态的东西。"[3]

参加那场讨论的学者和朱先生自己都把这一理论概括为"美是主客观的统一"的理论。但是照我看来，如果更准确一点，这一理论应该概括成为**"美在意象"**的理论。

---

[1] 朱光潜：《美学怎样才能既是唯物的又是辩证的》，见《朱光潜美学文集》第三卷，第34—35页。
[2] 朱光潜：《论美是客观与主观的统一》，见《朱光潜美学文集》第三卷，第71页。
[3] 同上。

由于朱先生坚持了这一理论，所以在五十年代的美学大讨论中，朱先生解决了别人没有解决的两个理论问题。

第一，说明了艺术美和自然美的统一性。

在五十年代的美学讨论中，很多人所谈的美的本质，都只限于所谓"现实美"（自然美），而不包括艺术美。例如，客观派关于美的本质的主张，就不能包括艺术美。当时朱先生就说，现实美和艺术美既然都是美，它们就应该有共同的本质才对，怎么能成为两个东西呢？朱先生说："有些美学家把美分成'自然美''社会美'和'艺术美'三种，这很容易使人误会本质上美有三种，彼此可以分割开来。实际上这三种对象既都叫做美，就应有一个共同的特质。美之所以为美，就在这共同的特质上面。"[1]但是朱先生的质疑没有引起人们的重视。其实朱先生这么发问是有原因的。因为在朱先生那里，自然美和艺术美的本质是统一的：都是情景的契合，都离不开人的创造。我们前面引过的朱先生关于北斗星的一段话就是例子。所以朱先生认为，自然美可以看作是艺术美的雏形。朱先生说："我认为任何自然形态的东西，包括未经认识与体会的艺术品在内，都还没有美学意义的美。"[2]"自然美就是一种雏形的起始阶段的艺术美，也还是自然性与社会性的统一、客观与主观的统一。"[3]这种说法是有道理的。郑板桥说的"眼中之竹"还不是自然美，"胸中之竹"才是自然美，而"手中之竹"则是艺术美。从"胸中之竹"到"手中之竹"当然仍是一个创造的过程，但它们都是审美意象，在本质上具有同一性。所以朱先生说："我对于艺术美和自然美的统一的看法是从主客观统一，美必是意识形态这个大前提

---

[1] 朱光潜：《论美是客观与主观的统一》，见《朱光潜美学文集》第三卷，第74页。
[2] 同上。
[3] 同上。

推演出来的。"[1]

第二，对美的社会性做了合理的解释。

在五十年代的美学讨论中，有一派主张美就在自然物本身，还有一派主张美是客观性和社会性的统一，这派认为美在于物的社会性，但这种社会性是物客观地具有的，与审美主体无关。很多人认为，否认美的社会性，在理论上固然会碰到不可克服的困难，把美的社会性归之于自然物本身，同样也会在理论上碰到不可克服的困难。朱光潜先生反对了这两种观点。他坚持认为美具有社会性，一再指出："时代、民族、社会形态、阶级以及文化修养的差别不大能影响一个人对于'花是红的'的认识，却很能影响一个人对于'花是美的'的认识。"[2]与此同时，朱先生又指出，美的社会性不在自然物本身，而在于审美主体。朱先生批评主张美在自然物本身的学者说："他剥夺了美的主观性，也就剥夺了美的社会性。"[3]

今天看来，朱光潜先生在美的社会性问题上的观点，是比较合理的。美（审美意象）当然具有社会性，换句话说，美（审美意象）受历史的、民族的制约。中国人欣赏兰花，从兰花中感受到丰富的意蕴，而外国人对兰花可能不欣赏，至少不能像中国人感受到这么丰富的意蕴。兰花的意蕴从何而来？如果说兰花本身具有这种意蕴（社会性），为什么西方人感受不到这种意蕴？兰花的意蕴是在审美活动中产生的，是和作为审美主体的中国人的审美意识分不开的。

在讨论中，有一种很普遍的心理，就是认为只要承认美和审美主体有关，就会陷入唯心论。朱先生把这种心理称为"对于'主观'的恐惧"。这种心

---

[1] 朱光潜：《"见物不见人"的美学》，见《朱光潜美学文集》第三卷，第114页。
[2] 朱光潜：《美学怎样才能既是唯物的又是辩证的》，见《朱光潜美学文集》第三卷，第35页。
[3] 同上。

理其实是出于一种很大的误解。我们说美（审美意象）是在审美活动中产生的，不能离开审美主体的审美意识，这并不是说"美"纯粹是主观的，或者说"美"的意蕴纯粹是主观的。因为审美主体的审美意识是由社会存在决定的，是受历史传统、社会环境、文化教养、人生经历等因素的影响而形成的。所以这并没有违反历史唯物主义。撇开审美主体，单从自然物本身来讲美的社会性，只能是堕入五里雾中，越讲越糊涂。

四、宗白华是中国现代美学的另一位代表人物

宗白华是中国现代美学的另一位代表人物。在宗白华的身上，同样也反映了西方美学从传统走向现代的历史趋势，反映了中国近代以来寻求中西美学融合的趋势。

几十年来，宗白华先生一直倡导和追求中西美学的融合。早在"五四"时期，宗先生就说："将来世界新文化，一定是融合两种文化的优点而加之以新创造的。这融合东西文化的事业，以中国人最相宜，因为中国人吸取西方新文化，以融合东方，比欧洲人采撷东方旧文化，以融合西方，较为容易，以中国文字语言艰难的缘故。中国人天资本极聪颖，中国学者，心胸思想，本极宏大，若再养成积极创造的精神，不流入消极悲观，一定有伟大的将来，于世界文化上一定有绝大的贡献。"[1]三十年代，他又说："将来世界美学自当不拘于一时一地的艺术表现，而综合全世界古今的艺术理想，融会贯通，求美学上最普遍的原理而不轻忽各个性的特殊风格。……各个美术有它特殊的宇宙观与人生情绪为最深基础。中国的艺术与美学理论也自有它伟大独立的精神意义。所

---

[1] 宗白华：《中国青年的奋斗生活与创造生活》，见《宗白华全集》第一卷，第102页。

以中国的画家对将来的世界美学自有它特殊重要的贡献。"[1]

最近安徽教育出版社出版的《宗白华全集》第一次发表了宗白华先生的题为《形上学》的笔记和提纲，这为我们研究宗先生的哲学和美学思想提供了极为重要的资料。可惜目前发现的笔记尚不完全。当然更可惜的是宗先生没有把这个笔记和提纲中的思想写成一部著作。在这个笔记和提纲中，宗白华先生认为中西的形上学分属两大体系：西洋是唯理的体系；中国是生命的体系。唯理的体系是要了解世界的基本结构、秩序理数，所以是宇宙论、范畴论，生命的体系则是要了解、体验世界的意趣（意味）、价值，所以是本体论、价值论。[2]

宗白华先生的美学思想就立足于中国古代这种天人合一的生命哲学。

宗白华先生强调审美活动是人的心灵与世界的沟通。他说："美与美术的源泉是人类最深心灵与他的环境世界接触相感时的波动。"[3] 又说："以宇宙人生的具体为对象，赏玩它的色相、秩序、节奏、和谐，借以窥见自我的最深心灵的反映；化实景为虚境，创形象以为象征，使人类最高的心灵具体化、肉身化，这就是'艺术境界'。艺术境界主于美。所以一切美的光是来自心灵的源泉：没有心灵的映射，是无所谓美的。"[4]

宗白华先生在阐释清代大画家石涛《画语录》的"一画章"时说："从这一画之笔迹，流出万象之美，也就是人心内之美。没有人，就感不到这美，没有人，也画不出、表不出这美。所以钟嵘说：'流美者人也。'所以罗丹说：'通贯宇宙的一条线，万物在它里面感到自由自在，就不会产生出丑来。'画家、书家、雕塑家创造了这条线（一画），使万象得以在自由自在的感觉里表

---

[1] 宗白华：《介绍两本关于中国画学的书并论中国的绘画》，见《宗白华全集》第二卷，第43页。
[2] 参宗白华：《形上学——中西哲学之比较》，见《宗白华全集》第二卷，第624、644、646页。
[3] 宗白华：《介绍两本关于中国画学的书并论中国的绘画》，见《宗白华全集》第二卷，第43页。
[4] 宗白华：《中国艺术意境之诞生》，见《意境》。

现自己,这就是'美'!**美是从'人'流出来的,又是万物形象里节奏旋律的体现。**所以石涛又说:'夫画者从于心者也。……'所以中国人这支笔,开始于一画,界破了虚空,留下了笔迹,既流出人心之美,也流出万象之美。"[1]

宗白华先生也引瑞士思想家阿米尔的话:"一片自然风景是一个心灵的境界。"(译文与朱先生的略有不同)又引石涛的话:"山川使予代山川而言也。……山川与予神遇而迹化也。"接着说:"艺术家以心灵映射万象,代山川而立言,**他所表现的是主观的生命情调与客观的自然风景交融互渗,成就一个鸢飞鱼跃,活泼玲珑,渊然而深的灵境。**"[2]这个"灵境",就是"意象"(宗先生有时又称之为"意境")。

宗先生指出,意象乃是"情"与"景"的结晶品。"在一个艺术表现里情和景交融互渗,因而发掘出最深的情,一层比一层更深的情,同时也透入了最深的景,一层比一层更晶莹的景;景中全是情,情具象而为景,因而涌现了一个独特的宇宙,崭新的意象,为人类增加了丰富的想象,替世界开辟了新境,正如恽南田所说'皆灵想之所独辟,总非人间所有!'"[3]这是一个虚灵世界,"一种永恒的灵的空间"。在这个虚灵世界中,人们乃能了解、体验人生的意味、情趣与价值。

宗先生以中国艺术为例来说明审美活动的这种本质。他说:"中国宋元山水画是最写实的作品,而同时是最空灵的精神表现,心灵与自然完全合一。花鸟画所表现的亦复如是。勃莱克的诗句,'一沙一世界,一花一天国',真可以用来咏赞一幅精妙的宋人花鸟。一天的春色寄托在数点桃花,二三水鸟启示

---

[1] 宗白华:《中国书法里的美学思想》,见《意境》。
[2] 宗白华:《中国艺术意境之诞生》,见《意境》。
[3] 同上。

着自然的无限生机。中国人不是像浮士德'追求'着'无限',乃是在一丘一壑、一花一鸟中发现了无限,表现了无限,所以他的态度是悠然意远又怡然自足的。他是超脱的,但又不是出世的。他的画是讲求空灵的,但又是极写实的。他以气韵生动为理想,但又要充满着静气。一言以蔽之,他是最超越自然而又是最切近自然,是世界最心灵化的艺术,而同时是自然的本身。"[1]

宗先生指出,西方艺术的思维方式与中国不同。西方艺术,从古典到近代,它们所体现的思维方式是主客二分,而不是天人合一。宗先生说:"中、西画法所表现的'境界层'根本不同:一为写实的,一为虚灵的,一为物我对立的,一为物我浑融的。"[2] "文艺复兴的西洋画家虽然是爱自然,陶醉于色相,然终不能与自然冥合于一,而拿一种对立的抗争的眼光正视世界。"[3] 近代绘画"虽象征了古典精神向近代精神的转变,然而它们的宇宙观点仍是一贯的,即'人'与'物','心'与'境'的对立相视"[4]。

西方现代美学扬弃了主客二分的思维模式,而走向了"天人合一"的思维模式。宗先生对西方现代美学谈论得不很多。但是,宗先生本人的立足于中国古代"天人合一"思维模式的美学思想,与西方现代美学是相通的。

五、朱光潜美学思想的局限性和五十年代对朱光潜美学的批评

我在前面说过,朱光潜先生的美学思想反映了西方美学从古典走向现代的趋势,但是,我们也要看到,朱先生并没有最终实现从古典到现代的转折。因

---

[1] 宗白华:《介绍两本关于中国画学的书并论中国的绘画》,见《宗白华全集》第二卷,第46页。
[2] 宗白华:《论中西画派的渊源和基础》,见《意境》。
[3] 宗白华:《中西画法所表现的空间意识》,见《意境》。
[4] 宗白华:《论中西画派的渊源和基础》,见《意境》。

为从总体上来说，朱先生的美学还没有完全摆脱传统的认识论的模式，即主客二分的模式。在朱先生那里，主客二分是人和世界的最本源的关系。他没有从古典哲学的视野彻底转移到以人生存于世界之中并与世界相融合这样一种现代哲学的"天人合一"的视野。一直到后期，我们从他对"美"下的定义"美是客观方面某些事物、性质和形状适合主观方面意识形态，可以交融在一起而成为一个完整形象的那种特质"[1]，仍然可以看到他的这种主客二分的哲学视野。

与此相联系，朱先生研究美学，主要采取的是心理学的方法和心理学的角度，他影响最大的一本美学著作题为《文艺心理学》，也说明了这一点。心理学的方法和心理学的角度对分析审美心理活动是十分重要的，但是心理学的方法和角度也有局限，最大的局限是往往不容易上升到哲学的、本体论的和价值论的层面。

朱先生自己也觉察到这种局限，特别是后期，他试图突破这一局限。他提出要重新审定"美学是一种认识论"这种传统的观念：

> 我们应该提出一个对美学是根本性的问题：应不应该把美学看成只是一种认识论？从1750年德国学者鲍姆加通把美学（Aesthetik）作为一种专门学问起，经过康德、黑格尔、克罗齐诸人一直到现在，都把美学看成只是一种认识论。一般只从反映观点看文艺的美学家也还是只把美学当作一种认识论。这不能说不是唯心美学所遗留下来的一个须经重新审定的概念。为什么要重新审定呢？因为依照马克思主义把文艺作为生产实践来看，美学就不能只是一种认识论了，就要包括艺术创造过程的研究了。……我在《美学怎样才能既是唯物的又是辩证的》一文里还是把美学

---

[1] 朱光潜：《论美是客观与主观的统一》，见《朱光潜美学文集》第三卷。

只作为认识论看，所以说"物的形象"（即艺术形象）"只是一种认识形式"。现在看来，这句话有很大的片面性，应该说："它不只是一种认识形式，而且还是劳动创造的产品。"[1]

朱先生试图用"艺术是生产劳动"这个命题来突破把美学作为认识论的旧框框。他的思路是：生产劳动是创造性的过程，这个过程的结果是"物的形象"，"物的形象"是主客观的统一。这样就避免了直观反映论的局限。

但马克思说的生产劳动是物质生产活动，而审美活动是精神活动，这二者有质的不同，朱先生把它们混在一起了。更重要的是，引进"艺术是生产劳动"的命题，并没有从本体论的层面上克服主客二分的模式，并没有为美学找到一个本体论的基础——人和世界的本源性的关系。

五十年代那场美学大讨论对于朱光潜先生美学思想的批判，它的大前提依然是把美学归结为认识论，把哲学领域中唯物唯心的斗争简单地搬到美学领域中来。

例如在五十年代美学大讨论中崭露头角并在当时和日后产生很大影响的李泽厚先生就明白宣称：

美学科学的哲学基本问题是认识论问题。[2]
我们和朱光潜的美学观的争论，过去是现在也依然是集中在这个问题上：美在心还是在物？美是主观的还是客观的？是美感决定美呢还是美决定美感？[3]

---

[1] 朱光潜：《论美是客观与主观的统一》，见《朱光潜美学文集》第三卷。
[2] 李泽厚：《论美感、美和艺术——兼论朱光潜的唯心主义美学思想》，见《美学问题讨论集》第二集，作家出版社 1957 年版，第 204 页。
[3] 李泽厚：《美的客观性和社会性》，见《美学问题讨论集》第二集，第 32 页。

李泽厚认为，朱先生主张的美是主客观统一的理论，是"彻头彻尾的主观唯心主义"[1]，是"近代主观唯心主义的标准格式——马赫的'感觉复合''原则同格'之类的老把戏，而这套把戏的本质和归宿就仍然只能是主观唯心主义"[2]。李泽厚斩钉截铁地宣称：

> 不在心，就在物，不在物，就在心，美是主观的便不是客观的，是客观的便不是主观的，这里没有中间的路，这里不能有任何的妥协、动摇，或"折中调和"，任何中间的路或动摇调和必然导致唯心主义。[3]

对于李泽厚的这种批评，朱先生在当时就说，是"对主观存着迷信式的畏惧，把客观绝对化起来，作一些老鼠钻牛角式的烦琐推论"，从而把美学研究引进了"死胡同"。[4]

八十年代以后，李泽厚也感到了当时这些绝对化的说法有些不妥。但他并没有放弃而是继续坚持他当时的观点，不过做了更精致的论证，同时在表述上作了一些修正。最大的修正是他承认审美对象离不开审美主体，承认作为审美对象的美"是主观意识、情感和客观对象的统一"[5]。这不是回到朱光潜的"美是主客观统一"的立场了吗？不。李泽厚说，"美"这个词有三层含义，第一层含义是审美对象，第二层含义是审美性质（素质），第三层含义则是美的本

---

[1] 李泽厚：《论美感、美和艺术——兼论朱光潜的唯心主义美学思想》，见《美学问题讨论集》第二集，第 226 页。
[2] 同上书，第 227 页。
[3] 同上书，第 226 页。
[4] 朱光潜：《论美是客观与主观的统一》，见《朱光潜美学文集》第三卷，第 66 页。
[5] 李泽厚：《美学四讲》，生活·读书·新知三联书店 1989 年版，第 62 页。

质、美的根源。李泽厚认为,"争论美是主观的还是客观的,就是在也只能在第三个层次上进行,而并不是在第一层次和第二层次的意义上。因为所谓美是主观的还是客观的并不是指一个具体的审美对象,也不是指一般的审美性质,而是指一种哲学探讨,即研究'美'从根本上到底是如何来的?是心灵创造的?上帝给予的?生理发生的?还是别有来由?所以它研究的是美的根源、本质,而不是研究美的现象,不是研究某个审美对象为什么会使你感到美或审美性质到底有哪些,等等。只有从美的根源,而不是从审美对象或审美性质来规定或探究美的本质,才是'美是什么'作为哲学问题的真正提出"[1]。

对于这所谓第三个层次的美的本质或美的根源,李泽厚自己的回答是"自然的人化"。人通过制造工具和使用工具的物质实践,改造了自然,获得自由。这种自由是真与善的统一、合规律性与合目的性的统一。自由的形式就是美。在李泽厚看来,这也就是他五十年代提出的"美是客观性和社会性的统一"的观点,所以他的观点是前后一贯的。

这里要说一句,这种把通过物质生产实践所获得的"自由"等同于"美"的观点并非马克思的观点。马克思明确说过:"事实上,自由王国只是在由必需和外在目的规定要做的劳动终止的地方才开始,因而按照事物的本性来说,它存在于真正物质生产领域的彼岸。"[2]

八十年代以来,有些研究、评论朱光潜美学的文章和著作,它们的理论出发点就是李泽厚的这个三层次说。这些文章和著作认为,朱光潜先生的失误在于混淆了美的这三个层次,他只回答了审美对象的问题,而没有回答美的本质、美的根源问题,但是他却把审美对象问题等同于美的本质问题。

---

[1] 李泽厚:《美学四讲》,第 61 页。
[2]《马克思恩格斯全集》第 25 卷,第 926 页。

照我看来，李泽厚的三层次说，在理论上和逻辑上都存在着许多混乱。

首先，美（或审美活动）的"最后根源"或"前提条件"和美（或审美活动）的本质虽有联系，但并不是一个概念。我在《现代美学体系》一书中说过，人使用工具从事生产实践活动，创造了社会生活的物质基础，这是人类一切精神活动得以产生和存在的根本前提，当然也是审美活动得以产生和存在的根本前提。这是没有疑问的。但是不能因此就把人类的一切精神活动归结为物质生产活动。仅仅抓住物质生产实践活动，仅仅抓住所谓"自然的人化"，不但说不清楚审美活动的本质，而且也说不清楚审美活动的历史发生。[1] 李泽厚后来把自己的观点称为"人类学本体论美学"。其实，他所说的"自然的人化"，最多只能说是"人类学"，离开美学领域还有很远的距离。

其次，脱离活生生的现实的审美活动，脱离所谓"美的现象层"，去寻求所谓"美的普遍必然性本质"，寻求所谓"美本身"，其结果找到的只能是柏拉图式的美的理念。这一点其实朱先生在当时就早已指出了。

总之，在五十年代美学讨论中涌现出来的各种派别的美学（包括李泽厚的美学）并没有超越朱光潜的美学，因为他们**没有真正克服朱光潜的美学**。朱光潜美学中的合理的东西并没有被肯定和吸收，朱光潜美学的局限性也没有真正被揭示。朱光潜美学被不加分析地整个儿撇在一边。所以朱光潜的美学并未丧失它的现实性，它仍然有存在的根据。

这就要求我们重新回到朱光潜（以及宗白华等人）的美学。我们要**细读**朱光潜、宗白华的著作，充分地吸收其中一切合理的东西，同时突破朱光潜的局限性，以现代的哲学视野，综合这一个世纪东方美学和西方美学的一切积极成果，把美学学科的建设推向前进。这就是我们从朱光潜"接着讲"所要做的工作。

---

[1] 参见叶朗主编：《现代美学体系》第八章"审美发生"。

1996年9月，北京大学哲学系、波恩大学汉学系、安徽教育出版社、安徽社会科学院在安徽黄山联合举办了"纪念朱光潜、宗白华诞辰一百周年国际学术讨论会"。这是作者在这次学术会议上的讲演，原载《北京大学学报（哲学社会科学版）》1997年第5期。

"意象世界"与现象学

我对现象学没有研究。我读过现象学的一些著作,也读过我国学者研究和介绍现象学的一些著作和论文,但都不系统,也不深入。尽管如此,从二十世纪八十年代开始,我就感觉到现象学的精神和中国传统美学的精神有相通的地方,感觉到现象学对我们思考美学基本理论很有启发。2009 年,我写了一本《美在意象》,以"意象""感兴""人生境界"三个核心概念建构了一个美学的理论构架。在建构这个理论构架的时候,我的立足点是中国美学,同时也吸收了现象学的一些思想、概念。

一、美在意象

中国美学认为,美就是向人们呈现一个完整的、有意蕴的感性世界,这就是人们常说的情景交融的意象世界。朱光潜、宗白华继承了这个观点,我把这个观点概括为"美在意象"。

中国美学的这个观点,与现象学的观点,比如杜夫海纳说的"灿烂的感性"是相通的。

审美意象首先是一个感性世界,它诉诸人的感性直观(主要是视、听这两个感觉器官，有时也包括触觉、嗅觉等感觉器官）。杜夫海纳说："美的对象首先刺激起感性，使它陶醉。"[1] 又说："美是感性的完善。"[2] "它主要地是作为知觉的对象。它在完满的感性中，获得自己完满的存在、自己的价值的本原。"[3]

但是，这个感性世界不同于外界物理存在的感性世界，因为它是带有情感性质的感性世界，是有意蕴的世界。杜夫海纳说："审美对象所显示的，在显示中所具有的价值，就是所揭示的世界的情感性质。"又说："审美对象以一种不可表达的情感性质概括和表达了世界的综合整体：它把世界包含在自身之中时，使我理解了世界。同时，正是通过它的媒介，我在认识世界之前就认出了世界，在我存在于世界之前，我又回到了世界。"[4] **这种以情感性质的形式所揭示的世界的意义，就是审美意象的意蕴。**所以审美意象必然是一个情景交融的世界。梵·高心目中的农鞋是情景交融的世界，梵·高心目中的星空也是如此。李白心目中的月夜（"床前明月光"）、杜甫心目中的月夜（"今夜鄜州月"），都是情景交融的世界。所以，中国传统美学用情景交融来说明意象的性质。王夫之一再强调在审美意象中情景不能分离："景中生情，情中含景，故曰景者情之景，情者景之情。"[5] "景不虚情，情皆可景，景非虚景，景总含情。"[6] "景以情合，情以景生，初不相离，唯意所适。截分两橛，则情不足兴，而景非其景。"[7] "情景虽有在心在物之分，而景生情，情生景，哀乐之

---

[1] [法]杜夫海纳：《美学与哲学》，孙非译，中国社会科学出版社1985年版，第20页。
[2] 同上书，第20页。
[3] 同上书，第24页。
[4] 同上书，第28、26页。
[5] 王夫之：岑参《首春渭西郊行呈蓝田张主簿》评语，《唐诗评选》卷四。
[6] 王夫之：谢灵运《登上戍石鼓山诗》评语，《古诗评选》卷五。
[7] 王夫之：《姜斋诗话》。

触,荣悴之迎,互藏其宅。"[1]王夫之这些话都是说,审美意象所呈现的感性世界,必然含有人的情感,必然是情景的融合。为什么情景不能分离?**最根本的原因,就在于意象世界显现的是人与万物一体的生活世界。在这个生活世界中,世界万物与人的生存和命运是不可分离的。这是最本原的世界,是原初的经验世界。因此,当意象世界在人的审美观照中涌现出来时,必然含有人的情感(情趣)。**也就是说,意象世界必然是带有情感性质的世界。杜夫海纳说:"审美对象所暗示的世界,是某种情感性质的辐射,是迫切而短暂的经验,是人们完全进入这一感受时,一瞬间发现自己命运的意义的经验。"[2]又说:"审美价值表现的是世界,把世界可能有的种种面貌都归结为情感性质;但只有在世界与它所理解的和理解它的主观性相结合时,世界才成为世界。"[3]这些话就是说,正是包含着人的生存与命运的最原初的经验世界(即生活世界),决定了意象世界必然是一个情景交融的世界。

所以,意象世界一方面显现一个真实的世界(生活世界),另一方面又是一个特定的人的世界,或一个特定的艺术家的世界,如莫扎特的世界,梵·高的世界,李白的世界,梅兰芳的世界。

总之,审美意象以一种情感性质的形式揭示世界的某种意义,这种意义"全部投入了感性之中"。"感性在表现意义时非但不逐渐减弱和消失,相反,它变得更加强烈、更加光芒四射。"[4]

正是从感性和意义的内在统一这个角度,杜夫海纳把审美对象称为"灿烂的感性"。他说,"审美对象不是别的,只是灿烂的感性。规定审美对象的那

---

[1] 王夫之:《姜斋诗话》。
[2] [法]杜夫海纳:《美学与哲学》,第28页。
[3] 同上书,第32页。
[4] 同上书,第31页。

种形式就表现了感性的圆满性与必然性,同时感性自身带有赋予它以活力的意义,并立即献交出来"[1]。

所以,"灿烂的感性"就是一个完整的充满意蕴的感性世界,这就是审美意象,也就是广义的"美"。

二、审美意象只能存在于审美活动中

中国美学认为,意象世界是"于天地之外,别构一种灵奇""总非人间所有",就是说,意象世界不是物理世界,而是人的创造。柳宗元说:"美不自美,因人而彰。"王阳明说:"你未看此花时,此花与汝心同归于寂;你来看此花时,则此花颜色一时明白起来:便知此花不在你的心外。"王国维说:"世无诗人,即无此种境界。"这些话都是说,意象世界总是被构成的,它不能离开审美活动。中国美学的这种观点和现象学的意向性理论是相通的。

按照现象学的意向性理论[2],审美活动是一种意向性活动。意象之所以不是

---

[1] [法]杜夫海纳:《美学与哲学》,第54页。
[2] 张祥龙对现象学的意向性理论有一个简要的介绍:"在胡塞尔的现象学看来,人的意识活动从根本上是一种总是依缘而起的意向性行为,依据实项内容而构造出'观念的'意义和意向对象;就像一架天生的放映机,总是依据胶片上的实项内容(可比拟为胶片上的一张张照片)和意识行为(放映机的转动和投射出的光亮)而将活生生的意义和意向对象投射到意识的屏幕上。所谓'意识的实项内容',是指构成现象的各种要素,比如感觉材料或质素,以及意识行为;它们以被动或主动的方式融入一个原发过程,一气呵成地构成那更高阶的意义和意向对象,即那些人们所感到的,所思想到的,所想象出的,被意志所把握着的,被感情所体味着的……""这也就是说任何现象都不是现成地被给予的,而是被构成着地;即必含有一个生发和维持住被显现者的意向活动的机制。这个机制的基本动态结构是:意识不断激活实项的内容,从而投射出或构成着(在某种意义上是'创造出')那超出实项内容的内在的被给予者,也就是意向对象或被显现的东西。"(张祥龙:《当代西方哲学笔记》,北京大学出版社2005年版,第189页)

一个实在物、不能等同于感知原材料（如自然事物和艺术品的物理的存在），就因为意象是一个意向性产物。意象的统一性以及作为这种统一性的内在基础的意蕴，都依赖于意向性行为的生发机制——它不仅使"象"显现，而且"意蕴"也产生于意向行为的过程中。"意蕴"离不开意向行为。"意蕴"存在于审美体验活动中，而并不超然地存在于客观的对象上。

审美活动的这种意向性特点，说明审美活动乃是"我"与世界的沟通。在审美活动中，不存在那种没有"我"的世界：世界一旦显现，就已经有了我。"只是对我说来才有世界，然而我又并不是世界。"[1]审美对象就是这么一个世界，它一旦显现，就已经有了体验它的"我"在了。只有对"我"来说才有审美对象，然而我又不是审美对象。由于我的投射或投入，审美对象朗然显现，是我产生了它；但另一方面，从我产生的东西也产生了我，在我成为审美对象的见证人的同时，它又携带着我进入它的光芒之中。

这就是审美体验的意向性：审美对象（意象世界）的产生离不开人的意识活动的意向性行为，离不开意向性构成的生发机制；人的意识不断激活各种感觉材料和情感要素，从而构成（显现）一个充满意蕴的审美意象。

前面引的柳宗元、王阳明、王国维的话，都是说离开人的意识的生发机制，天地万物就没有意义，就不能成为美。这和海德格尔说的"人是世界万物的展示口"，萨特说的"由于人的存在，才'有'（万物的）存在""人是万物借以显示自己的手段"，意思都很相似。这些话的意思都是说，**世界万物由于人的意识而被照亮，被唤醒，从而构成一个充满意蕴的意象世界（美的世界）。意象世界是不能脱离审美活动而存在的。美只能存在于美感活动中。这就是美与美感的同一。**

---

[1] [法]杜夫海纳：《美学与哲学》，第29页。

三、意象世界照亮一个真实的世界

中国美学认为，意象世界是一个真实的世界。王夫之一再强调，意象世界是"现量"，"现量"是"显现真实""如所存而显之"——**在意象世界中，世界如它本来存在的那个样子呈现出来了。**

要把握中国美学的这个思想，关键在于把握中国美学对"真实"、对世界本来存在样子的理解。

在中国美学看来，我们的世界不仅是物理的世界，而且是有生命的世界，是人生活在其中的世界，是人与自然界融合的世界，是天人合一的世界。

在中国哲学和中国美学之中，"真"就是"自然"，这个"自然"，不是我们一般说的自然界，而是存在的本来面貌。这个"自然"，这个存在的本来面貌，它是有生命的，是与人类的生存和命运紧密相连的，因而是充满了情趣的。

中国美学所说的意象世界"显现真实"，就是**指照亮这个天人合一（人与天地万物一体）的本然状态。**

中国美学的这个思想，和胡塞尔晚年提出的"生活世界"的思想有相通之处。

从美学的角度看，在胡塞尔及后来学者（主要是海德格尔，也包括中国学者）对"生活世界"的解释中，最值得注意的有以下几点：

第一，生活世界不是抽象的概念世界，而是原初的经验世界，是与我们的生命活动直接相关的"现实具体的周围世界"，是我们生活于其中的真正的存在。这是一个基本的世界、本原的世界、活的世界。

第二，生活世界不是脱离人的死寂的物质世界，而是人与世界的"共在世界"，是"万物一体"的世界。这里的"人"是历史生成着的人。所以，生活世界是一个历史的具体的世界。

第三，生活世界是人的生存活动本身，包含他们的期望、寄托、辛劳、智慧、痛苦等。生活世界"从人类生存那里获得了人类命运的形态"[1]。因而生活世界是一个活的世界，是一个充满了"意义"和"价值"的世界，是一个诗意的世界。[2] 这种"意义"和"价值"是生活世界本身具有的，是生活世界本身向人显现的，是要人去直接体验的。

第四，由于人们习惯于用主客二分的思维模式看待世界，因而这个生活世界、这个本原的世界，往往被掩盖（遮蔽）了。为了揭示这个被遮蔽的真实世界，人们必须创造一个"意象世界"[3]，这就是"美"，"美是作为无蔽的真理的一种现身方式"[4]。

由胡塞尔提出的、由海德格尔以及其他许多现当代思想家（包括中国的学者）阐发的这个"生活世界"的概念，与我们前面谈到的中国美学的"真"（"自然"）的概念是相通的。王夫之说的"显现真实""如所存而显之"，可以理解为，**意象世界（美）照亮了这个最本原的"生活世界"**。这个"生活世

---

[1] [德]海德格尔：《艺术作品的本源》，见《海德格尔选集》上册，第262页。
[2] 胡塞尔提出"生活世界"的概念，一个重要原因，就是他认为笛卡尔、伽利略以来的西方实证科学和自然主义哲学忽视了、排除了人生的意义和价值的问题。他指出，实证科学排除了我们这个时代最紧迫的问题："即关于这整个的生存有意义无意义的问题。"（胡塞尔：《欧洲科学的危机与超越论的现象学》，商务印书馆2001年版，第15—16页）
[3] "基本的经验世界本来是一个充满了诗意的世界，一个活的世界，但这个世界却总是被'掩盖'着的，而且随着人类文明的进步，它的覆盖层也越来越厚，人们要作出很大的努力才能把这个基本的、生活的世界体会并揭示出来。……掩盖生活世界的基本方式是一种'自然'与'人'、'客体'与'主体'、'存在'与'思想'分立的方式。""为了展现那个基本的生活世界，人们必须塑造出一个'意象的世界'来提醒人们，'揭开'那种'掩盖层'的工作本身成了一种'创造'。"（叶秀山：《美的哲学》，人民出版社1991年版，第61—63页）
[4] [德]海德格尔：《艺术作品的本源》，见《海德格尔选集》上册，第276页。

界",是有生命的世界,是人生活于其中的世界,是人与万物一体的世界,是充满了意味和情趣的世界。这是存在的本来面貌。

意象世界是人的创造,同时又是"存在"(生活世界)本身的敞亮(去蔽)。一方面是人的创造,一方面是存在的敞亮,这两个方面是统一的。

司空图的《二十四诗品》有一句话:"妙造自然。"[1]荆浩的《笔法记》有一句话:"搜妙创真。"这两句话都包含了一个思想:通过人的创造,真实(自然)的本来面貌得到显现。反过来就是说,要想显现真实(自然)的本来面貌,必须通过人的创造。这是人的创造(意象世界)与"显现真实"的统一。

宗白华说,中国哲学的形上学是生命的体系,它要体验世界的意趣、意味和价值。他又说,中国的体系强调"象","象如日,创化万物,明朗万物"[2]。宗白华的这些话,特别是"象如日,创化万物,明朗万物"这句话,极其精辟。他的意思也是说,意象世界是人的创造,而正是这个意象世界照亮了一个充满生命的有情趣的世界,也就是照亮了世界的本来面貌(澄明、去蔽)。这是人的创造(意象世界)与"显现真实"的统一。

我们应该从这个意义上来理解王夫之的这段话:"两间之固有者,自然之华,因流动生变而成其绮丽。心目之所及,文情赴之,貌其本荣,如所存而显之,即以华奕照耀,动人无际矣。"[3]

王夫之的意思也是说,意象世界是人的直接体验,是情景相融,是人的创造("心目之所及,文情赴之"),同时,它就是存在的本来面貌的显现("如

---

[1] 学术界已有人论证,《二十四诗品》的作者并非司空图。这里暂不讨论。
[2] 宗白华:《形上学(中西哲学之比较)》,见《宗白华全集》第一卷,第628页。
[3] 王夫之:谢庄《北宅秘园》评语,《古诗评选》卷五。

所存而显之"），这就是美，这也就是美感（"华奕照耀，动人无际"）。王夫之说的"如所存而显之"这句话，很有现象学的味道。"如所存而显之"，这存在的本来面貌，就是中国美学说的"自然""真"（"两间之固有者，自然之华，因流动生变而成其绮丽"），也就是现代西方哲学说的最本原的、充满诗意的"生活世界"。

我们也应该从这个意义上来理解海德格尔的有名的论断："美是作为无蔽的真理的一种现身方式。"[1] "美属于真理的自行发生。"[2] 海德格尔说的"真理"，并非是我们平常说的事物的本质、规律，并非是逻辑的"真"，也并非是尼采所反对的所谓"真正的世界"（柏拉图的"理念世界"或康德的"物自体"），而是历史的、具体的"生活世界"，是人与万物一体的最本原的世界，是存在的真，是存在的无遮蔽，即存在的本来面貌的敞亮，也就是王夫之说的"如所存而显之"。海德格尔认为，在艺术作品（即我们说的意象世界）中，存在的本来面貌显现出来了，或者说被照亮了。我们可以说，海德格尔的这种思想和王夫之的"显现真实"的思想是相通的。

以上我们简单论述了中国美学的关于美的三个命题：美在意象，审美意象只能存在于审美活动之中，意象世界照亮一个真实的世界。中国美学的这三个命题，在理论上最大的特点就是重视"心"的作用，重视精神的价值。这里的"心"并非被动的、反映论的"意识"或"主观"，而是具有巨大能动作用的意义生发机制。心的作用，就是赋予与人无关的外在世界以精神性的意义。这些意义之中也涵盖了"美"的体验。离开人的意识的生发机制，天地万物就没有意义，就不能呈现美。中国美学的意象理论，突出强调了意义的丰富性对于审

---

[1] [德]海德格尔：《艺术作品的本源》，《海德格尔选集》上册，第276页。
[2] 同上书，第302页。

美活动的价值，其实质是恢复创造性的"心"在审美活动中的主导地位，提高心灵对于事物意义的承载能力和创造能力。

受中国美学的影响，中国传统艺术都十分重视精神的层面，重视心灵的作用。宗白华讲中国艺术，强调中国艺术是一个虚灵世界，是一个"永恒的灵的空间"，强调中国艺术是"世界最心灵化的艺术，而同时又是自然的本身"；他提醒大家要特别注意中国的艺术作品、工艺器物的虚灵化的一面，并且与《易》象相联系，更多地体验"器"的非物质化的一面，与"道"可以契合的一面。

我们是否可以说，中国美学的这个特点，从一个方面为我们照亮了现象学的价值和意义，反过来是否也可以说，现象学的理论，也从一个方面为我们照亮了中国美学在理论上的特殊品格。

原载《意象》第四期，北京大学出版社，2013年11月

中国传统美学的现代意味

学术界有一些人认为，比起西方美学来，中国美学（以及整个东方美学）是十分零碎和十分肤浅的。这是错误的看法。因为这种看法不符合历史事实。中国传统美学极为丰富，其中有许多充满东方智慧的理论，有许多极深刻的理论，有许多富有民族个性的理论，至今仍然具有充分的价值。中国传统美学是一个宝库，这个宝库尚未全部打开。

学术界还有一些人认为，中国传统美学都是陈腐的、僵死的东西，都是属于过去的东西，都是应该抛弃的"包袱"。这也是错误的看法。因为这种看法也不符合历史事实。中国传统美学中不仅有属于过去的东西，也有属于现在和将来的东西。中国传统美学的某些思想非常有现代意味。

本文准备着重谈一谈后面这个问题。

一

为了说清楚这个问题，我想回顾一下近四十年国内的美学研究。

从二十世纪五十年代中期到六十年代初期，国内出现了一场美学大讨论。这场讨论很热烈，讨论的问题也很集中，大多数文章几乎都在争论一个问题：美是什么。换一个说法就是：美在物，还是在心。再换一个说法就是：美是主观的，还是客观的。当时形成了几派。一派主张美是客观的，一派主张美是主观的，还有一派主张美是主客观的统一。后来又出现了一派主张美是客观性和社会性的统一。

这场讨论因为"文化大革命"而中断。"文化大革命"结束，七十年代末、八十年代初，国内出现了第二次美学热潮。这个时期可以称为美学研究的复兴和反思的时期。从一方面说，五十年代、六十年代那场讨论得到了一些人的继续关注；而另一方面，学术界在大量引进西方现当代美学和大力整理、研究中国传统美学的同时，开始对五十年代、六十年代那场讨论进行重新审视。

通过重新审视，大家逐渐省悟到，五十年代、六十年代那场讨论，不论是哪一派的美学家，不论主张美是主观的还是主张美是客观的，他们有一点是共同的，就是他们都把美学纳入认识论的框框，都把审美活动等同于认识活动，都是从主体和客体之间的认识论关系这个角度来考察审美活动。整个讨论，都是在"主客二分"这样一种思维模式的范围内展开的。而这样一种思维模式，既没有反映西方美学从传统到现代发展的大趋势，同时也在很大程度上脱离了中国传统美学的基本精神。

二

我们先看一看西方美学发展的情况。

在西方哲学史上，虽然也有"天人合一"的思想，但是长期以来，特别是从近代笛卡尔以来，占主导地位的是"主客二分"的哲学原则和思维模式。"主客二分"的思维模式有三个特点：一是实体性，就是说，把主体与客体、自我与非我看成是独立自存的某种东西；二是二元性，就是把主体与客体看成是彼此外在、相互对立的东西，换句话说，就是主客分离，即使是讲主客统一，也是在主客分离的基础上的统一；三是超验性，就是承认有超感性的、超经验的、形而上的本体世界。[1]

与此相联系，西方美学在一个漫长的时间里也始终是循着一个基本的观察方法或思维方式：把"我"与世界分割开，把主体与客体分成两个东西，然后以客观的态度对对象（这对象也可能是主体）进行观察和描述。

十九世纪以前的西方美学，大体上可以分为两个方面：本体的方面和经验的方面。我们国内五十年代所讨论的"美是什么"的问题，实际上就是西方传统美学所探讨的美的本体论问题。很明显，当人们提出"美是什么"的问题的时候，就已经把"美"客观化了。换句话说，美的本体论的探讨，有一个理论前提，就是把美的对象看作一个同主体分离的客观实在。对于这个本体论问题，有理性主义和非理性主义两种回答。毕达哥拉斯提出"美是和谐"的著名命题，就是一种理性主义的回答。这种理性主义的回答的最大特点，就是认为存在着一种客观的、先验的、普遍的、永恒的美。还有一种非理性主义的回答，这种非理性主义的回答也认为存在着一种普遍的、永恒的美，并且认为只有当人们进入到非理性的"迷狂"状态才能观照到这种绝对美。这就是柏拉图的理式论。

从经验方面对美的探讨也可以分为两类：价值论和知觉再现论。普罗泰哥拉的名言是："人是万物的尺度。"苏格拉底在这种人本主义思想影响下，在西方美学史上第一个把美跟人的道德态度相联系加以考察。他的命题是："任何一件东西如果它能很好地实现它在功用方面的目的，它就是同时是善的又是

---

[1] 参见张世英：《"天人合一"与"主客二分"》，载《哲学研究》1991年第1期；张世英：《超越自我》，载《社会科学战线》1992年第2期。

美的,否则它就同时是恶的又是丑的。"[1]这样,苏格拉底就把一种价值的观点引进了审美理论。这种观点明确规定了美只是主体对现实的一种价值态度,因而把研究的重心放在主体的价值取向上。这其实是一种变相的客观论,因为它研究的并不是主体经验,而是主体的客观的社会存在。所以这种价值论美学仍然是一种他律论美学。真正从主体经验入手探讨审美现象的是以十八世纪英国经验主义为代表的知觉再现理论。知觉再现理论彻底批判了美在客体说,认为美完全存在于人的知觉结构中,存在于"人心的特殊构造"中。这种理论的典型代表是休谟的"同情说"。休谟认为人之所以感到美,是由于外在的对象符合于主体的知觉构造,例如"建筑的规矩要求柱子上细下粗,因为这个形状才产生安全感,而安全感是愉快的,反之上粗下细的形状就产生对危险的畏惧,这是令人不安的"[2]。这种知觉再现论,虽然把兴趣放在主体本身,但在它的眼中,主体与客体仍然是互相外在的,同时它仍然把主体当作一个客体来对待,它的基本方法仍然是客观描述。

从以上的简略分析,我们可以看出,在西方美学史上占主导地位的思维方式是"主客二分"。而这正是我国五十年代、六十年代美学大讨论中的各派共同采用的思维方式。

三

但是西方哲学史在进入现代之后,上述"主客二分"的哲学原则发生了变化。大多数西方现代哲学家都反对"主客二分"的哲学原则和思维方式,而主

---

[1] 北京大学哲学系美学教研室编:《西方美学家论美和美感》,商务印书馆1980年版,第19页。
[2] 同上书,第110页。

张"天人合一"的哲学原则和思维方式。海德格尔就是这一转变的划时代的代表人物。海德格尔认为,世界只是人活动于其中的世界。人在认识世界万物之先,早已与世界万物融合在一起,早已沉浸在他们活动的世界万物之中。人("此在")是"澄明",是世界万物的展示口,世界万物在此被照亮。海德格尔的这种"天人合一"的思想和原始的"天人合一"的思想不同,它是经过了"主客二分"和包摄了"主客二分"的一种更高一级的"天人合一"的思想。[1]

与此相联系,西方现代美学也突破了"主客二分"的模式,走向"天人合一"式的体验美学。这一转折,最早从提倡"移情说"的里普斯那里已经可以看到端倪。里普斯的移情说里包含着一个非常值得注意的转折点,即从"美的对象"向"审美对象"的转折。里普斯说,过去总把审美欣赏的原因置于对象之中,其实不然,"毋宁说,审美欣赏的原因就在我自己,或自我"。[2] 尽管二十世纪的许多美学家嫌里普斯不够彻底,但他的"转折"的意义却不能不被看到;与前面提到的休谟("同情说")不同,里普斯已经涉及人的存在问题,"自我"不仅是知觉结构,更属于"生命"的概念;其次,审美对象既是审美体验的对象,又是审美体验的产物,这二者在审美活动中是统一的。这样,人们就可能从"美的哲学"转向"审美哲学",从"主客二分"的客观论转到"天人合一"的体验论。里普斯说:

> 我感到活动并不是**对着**对象,而是就**在**对象**里面**,我感到欣喜,也不是对着我的活动,而是就在我的活动里面。我在我的活动里面感到欣喜或幸福。[3]

---

[1] 参见张世英:《"天人合一"与"主客二分"》,载《哲学研究》1991年第1期;张世英:《超越自我》,载《社会科学战线》1992年第2期。
[2] [德]里普斯:《论移情作用》,译文引自《古典文艺理论译丛》1964年第8期。强调是原有的。
[3] 同上。强调是原有的。

这段话已有体验美学的味道。里普斯又进一步说：

> 审美的欣赏并非对于一个对象的欣赏，而是对于一个自我的欣赏。它是一种位于人自己身上的直接的价值感觉，而不是一种涉及对象的感觉。毋宁说，审美欣赏的特征在于在它里面我的感到愉快的**自我**和使我感到愉快的**对象并不是分割开来成为两回事**，这两方面都是同一个自我，即直接经验的自我。[1]

这段话的体验美学的味道就更浓了。现代西方体验美学是以现象学以及由现象学派生出来的存在主义为哲学基础的。我们在前面已说到，西方传统的哲学和美学，就其主流来说，都是把世界割裂成为客体和主体两部分。而体验美学的目标就是要消灭主客体的分离，也就是要扬弃西方哲学传统中的"主客二分"的思维方式。萨特在《为什么写作？》中有一段话把体验美学的这一精神说得最清楚：

> 我们的每一种感觉都伴随着意识活动，即意识到人的存在是"起揭示作用的"，就是说由于人的存在，才"有"（万物的）存在，或者说人是万物借以显示自己的手段；由于我们存在于世界之上，于是便产生了繁复的关系，是我们使这一棵树与这一角天空发生关联；多亏我们，这颗灭寂了几千年的星，这一弯新月和这条阴沉的河流得以在一个统一的风景中显示出来；是我们的汽车和我们的飞机的速度把地球的庞大体积组织起来；我

---

[1] ［德］里普斯：《论移情作用》，译文引自《古典文艺理论译丛》1964年第8期。强调是引者加上的。

们每有所举动，世界便被披示出一种新的面貌。……这个风景，如果我们弃之不顾，它就失去见证者，停滞在永恒的默默无闻状态之中。至少它将停滞在那里，没有那么疯狂的人会相信它将要消失。将要消失的是我们自己，而大地将停留在麻痹状态中直到有另一个意识来唤醒它。[1]

萨特的这段话的意思，就是要扬弃"主客二分"的思维模式。这显然来源于我们前面谈到的海德格尔的"天人合一"的思想。"大地"要依赖于人的意识去唤醒它和照亮它。美的风景必须在审美活动中才能显示出来。

我们可以看到，西方美学从传统到现代的这一转折，在我国五十年代、六十年代的美学讨论中并没有得到反映，整个那场讨论都是局限在西方传统哲学和美学的"主客二分"的框框之内。

四

我们再来看一看中国传统哲学和传统美学发展的情况。

在中国传统哲学的发展中，占主导地位的思维方式不是"主客二分"，而是"天人合一"。对于这一点，人们已经谈得很多了。

在中国哲学史上，儒家最早提出"天人合一"说的是孟子。孟子说的"天人合一"带有道德的意义。道家的老子、庄子也主张"天人合一"。老子提倡回到婴儿状态，庄子提倡"心斋""坐忘"，以达到"天地与我并生，而万物与我为一"的境界，很明显都是"天人合一"的思想。

魏晋玄学的思想家郭象继承和发挥老子、庄子的思想，提倡一种"玄冥之

---

[1] 引自柳鸣九编：《萨特研究》，中国社会科学出版社1981年版，第2—3页。

境"。所谓"玄冥之境",就是"同天人""玄同彼我""与物冥合",也就是消解我与物、主观与客观的对立。郭象又称之为"无心"。"无心者与物冥,而未尝有对于天下也。"[1] "未尝有对于天下",就是超越主客二分。这是一种"天人合一"的境界。后来的文学家常常在自己的作品中描绘这种精神境界。如李白《赠别从甥高五》:"天地一浮云,此身乃毫末;忽见无端倪,太虚可包括。"《赠丹阳横山周处士惟长》:"水色傲溟渤,川光秀菰蒲。当其得意时,心与天壤俱。闲云随舒卷,安识身有无?"《庐山东林寺夜怀》:"天香生虚空,天乐鸣不歇。宴坐寂不动,大千入毫发。湛然冥真心,旷劫断出没。"柳宗元《始得西山宴游记》:"心凝形释,与万化冥合。"潘佑《独坐》:"凝神入混茫,万象成虚宇。"这是一种高层次的审美感兴。在这种感兴活动中,人感到自己和整个宇宙合为一体了("与万化冥合")。

这方面,禅宗也很突出。按照"主客二分"的思维方式,"自我"和客体都是实体化的,因而是彼此外在、相互对立的。禅宗则要求人生超越"自我"和世界万物的这种实体化和外在对立。唐代禅师青原惟信有段话最能说明这一点:

> 老僧三十年前未参禅时,见山是山,见水是水。及至后来,亲见知识,有个入处,见山不是山,见水不是水。而今得个休歇处,依前见山只是山,见水只是水。[2]

三十年前见山是山,见水是水,就是遵循"主客二分"的思维方式,"自我"站在事物之外,从外部看事物,从而把自我和事物都实体化、客观化。

---

[1] 郭象:《庄子·齐物论》注。
[2] 青原惟信:《五灯会元》卷十七。

"在这种见解中存在着主观与客观的二元性。在把山、水及一切构成我们世界的其他事物区别开来时,我们也就把我们自己与他物区别开来了。"[1]第二阶段,把实体性的"自我"进一步绝对化,"自我"之外一切都不存在,所以山不是山,水不是水。第三阶段,超越主客二分的关系,超越实体化的"自我",人们才能见到世界的本来面目,"依前见山只是山,见水只是水",就像苏东坡的一首诗所说的:"庐山烟雨浙江潮,未到千般恨不消。及至到来无一事,庐山烟雨浙江潮。"这就是禅宗所说的"心物不二。"

宋明理学继承和发展了孟子的"天人合一"的思想。最突出的是王阳明。王阳明否认在具体事物之上还有一个理念世界,他认为只存在着一个现实的世界,这个世界是人心与天地万物的彻底融合。王阳明说:"仁人之心以天地万物为一体,欣合和畅,原无间隔。"[2]又说:"天地鬼神万物离却我的灵明,便没有天地鬼神万物了,我的灵明离却天地鬼神万物,亦没有我的灵明,如此便是一气流通的,如何与他间隔得!"[3]

五

和中国传统哲学的这一特性相联系,中国传统美学对于审美活动的解释,主导的思想也是"天人合一",而不是"主客二分"。在中国古代的多数思想家看来,并不存在一种实体化的、外在于人的"美"。"美"离不开人的审美活动。

---

[1] [日]:阿部正雄《禅与西方思想》,王雷泉、张汝伦译,上海译文出版社1989年版,第10页。
[2] 王阳明:《王阳明全集·文录·与黄勉之第二书》。
[3] 王阳明:《王阳明全集·传习录》。

我们可以举出唐代大思想家柳宗元的著名命题来说明这一点。

柳宗元在《邕州柳中丞作马退山茅亭记》一文中说：

> 夫美不自美，因人而彰。兰亭也，不遭右军，则清湍修竹，芜没于空山矣。

柳宗元在这里提出了一个极有光彩的命题。"美不自美，因人而彰"，就是说，自然景物（"清湍修竹"）要成为审美对象，要成为"美"，必须要有人的审美活动，必须要有人的意识去"发现"它，去"唤醒"它，去"照亮"它，使它从实在物变为意象（一个完整的有意蕴的感性世界）。"彰"，就是发现，就是唤醒，就是照亮。外物和风景虽是不依赖于欣赏者而存在的，但美并不在外物和风景（自在之物）。借用王阳明的术语，美就在"我的灵明"和"天地万物"的欣合和畅、一气流通之中。

我们前面曾引过萨特的一段话，那段话的意思和柳宗元的命题何其相似！萨特所说的，世界万物只是因为有人的存在，有人的见证，有人的唤醒，才显示为一个统一的风景，也就是柳宗元说的"美不自美，因人而彰"。萨特说，"这个风景，如果我们弃之不顾，它就失去见证者，停滞在永恒的默默无闻状态之中"，也就是柳宗元说的，"兰亭也，不遭右军，则清湍修竹，芜没于空山矣"。

柳宗元的这个命题，在中国美学史上并不是孤立的。

中国传统美学的中心范畴是"意象"。中国传统美学认为，审美活动就是要在物理世界之外建构一个意象世界，即所谓"山苍树秀，水活石润，于天地之外，别构一种灵奇"[1]，所谓"一草一树，一丘一壑，皆灵想之所独辟，总非人间所有"[2]。这个意象世界，就是审美对象，也就是我们平常所说的广义的"美"（包括各种审美形态）。

中国传统美学对于审美意象的解释，不是遵循"主客二分"的思维方式，而是遵循"天人合一"的思维方式。

中国传统美学给予"意象"的最一般的规定，是"情景交融"。但是这里说的"情"与"景"，不能理解为互相外在的两个实体化的东西，而是"情"与"景"的欣合和畅，一气流通。王夫之说："情景名为二，而实不可离。"[3]如果"情""景"二分，互相外在，互相隔离，那就不可能产生审美意象。只有情景交融，一气流通，所谓"情不虚情，情皆可景，景非虚景，景总含情"[4]，才能构成审美意象。

意象世界不是物理世界。一树梅花的意象不是梅花的物理的实在，一座远山的意象也不是远山的物理的实在。中国古代思想家把"象"与"物"加以区别。"象"不等于"物"。"象者疑于有物而非物也。"[5]"象"不能离开观赏者。这个观赏者不是"主客二分"的"自我"，而是"天人合一"的"真我"，是审美的"我"，是进入"心斋""坐忘"境界的"我"。南朝山水画家宗炳在《画山水序》中说："圣人含道应物，贤者澄怀味象。"他把"物"与"象"加以区别。"物"是一个世界，实在的世界；"象"是一个世界，审美的世界。竹子是"物"，眼中之竹则是"象"。"象"是"物"向人的知觉的显

---

[1] 方士庶：《天慵庵笔记》上。
[2] 恽南田：《题洁庵画》，见《南田画跋》。
[3] 王夫之：《姜斋诗话》卷二。
[4] 王夫之：《古诗评选》卷五谢灵运《登上戍石鼓山诗》评语。
[5] 吕惠卿：《道德真经传》。

现,也是人对"物"的揭示。"象"是由于人的意识的参与而对于"物"的实体性的超越。当人把自己的生命存在灌注到实在中去时,实在就可能升华为非实在的形式——象。《易传》常把"象"与"形""器"对举。"见乃谓之象,形乃谓之器。"[1]"形"是器物的形,是确定的形体,而"象"则是显现,是不能离开人的知觉的。王夫之说:"物生而形形焉,形者质也。形生而象象焉,象者文也。形则必成象焉,象者象其形焉。"[2]王夫之把"文"规定为"象",实际上包含了一个思想,即审美的对象只涉及非实在的形式。而这种非实在的形式是不能离开人的意识的。正如席勒所说:"事物的实在是事物的作品,事物的外观是人的作品。"[3]只有在"澄怀"的真我面前,"象"才浮现出来。王国维说:

> 山谷有云:"天下清景,不择贤愚而与之,然吾特疑端为我辈设。"诚哉是言!抑岂独清景而已,一切境界,无不为诗人设。世无诗人,即无此种境界。夫境界之呈于吾心而见于外物者,皆须臾之物。惟诗人能以此须臾之物,镌诸不朽之文字,使读者自得之。[4]

"天下清景",当它成为审美对象时,它已从实在物升华成为非实在的审美意象。审美意象是"情"与"景"的欣合和畅,一气流通,它是人的创造。所以说"世无诗人,即无此种境界"。辛弃疾词云:"自有渊明方有菊,若无和

---

[1] 《周易·系辞传》。
[2] 王夫之:《尚书引义》卷六《毕命》。
[3] [德]席勒:《美育书简》,第133页。
[4] 王国维:《人间词话》。

靖即无梅。"[1]陶潜眼中的菊、林逋眼中的梅都不是实在物,而是意象世界。陶潜的菊是陶潜的世界,林逋的梅是林逋的世界。这就像莫奈画的伦敦的雾是莫奈的世界,梵·高画的向日葵是梵·高的世界一样。没有陶潜、林逋、莫奈、梵·高,当然也就没有这些意象世界。正因为它们不是实在物,而是非实在的意象世界,所以说"境界之呈于吾心而见于外物者,皆须臾之物"。它们只能存在于审美活动之中。

说到这里,我们自然会想到王阳明的一段很有名的话:

> 先生游南镇,一友指岩中花树问曰:"天下无心外之物,如此花树,在深山中自开自落,于我心亦何相关?"
> 先生曰:"你未看此花时,此花与汝心同归于寂;你来看此花时,则此花颜色一时明白起来;便知此花不在你的心外。"[2]

王阳明在这里讨论的问题,可以说就是一个意象世界的问题。这段话的意思,其实就是王国维说的"世无诗人,即无此种境界",也就是柳宗元说的"美不自美,因人而彰",总之就是说,意象世界是不能脱离审美活动而存在的。

从这段话看,王阳明的思想确实和胡塞尔、海德格尔、萨特等人的思想有某种相似之处。胡塞尔把"体验"纳入"意向性结构",从而消融了主体与客体的区分。海德格尔把人看作是世界万物的"展示口"。萨特说"由于人的存在,才'有'(万物的)存在","人是万物借以显示自己的手段"。而王阳明这段话的意思也是说世界万物由于人的存在而被照亮,从而构成一个意象世

---

[1] 辛弃疾:《浣溪沙·种梅菊》。
[2] 王阳明:《王阳明全集·传习录》。

界（美的世界）。王阳明类似的话还有很多。例如说："盖天地万物与人原是一体，其发窍之最精处是人心一点灵明。"[1]"心即天，言心则天地万物皆举之矣。"[2]对象作为实在物，它与主体是分离的、隔膜的、互相外在的。而审美的前提和目的都是要使内容变为形式，使实在变为意象。审美活动超越了对象的实在性，从而也就超越了"主客二分"。在审美活动中，"我"和"世界万物"融合无间。清代大画家石涛说："山川脱胎于余也，余脱胎于山川也。搜尽奇峰打草稿也。山川与余神遇而迹化也。所以终归之于大涤也。"[3]"山川"与"余""神遇而迹化"，就是郭象说的"玄同彼我"，也就是王阳明说的"我的灵明"与"天地万物"欣合和畅、一气流通，主客体的界限消失，其结果就是审美意象的产生："此花颜色一时明白起来"。

这种产生、构建审美意象的审美活动，西方美学家称为"审美经验"，或"审美体验"，中国古代思想家则称为"兴"，或"感兴"（"兴感"）。王夫之说："天地之际，新故之迹，荣落之观，流止之几，欣厌之色，形于吾身以外者，化也；生于吾身之内者，心也；相值而相取，一俯一仰之际，几与为通，而浡然兴矣！"相值相取，浡然而兴，"物"与"我"悄然神通，"我"的心胸豁然洞开，整个生命迎会那沛然天地之间的大化流行，这就是审美活动，就是西方美学家所说的**审美体验**，同时，也就是审美意象的诞生。审美体验是"我"与世界的沟通。这种沟通的中介以及沟通的结果，都是审美意象。正是审美意象使审美感兴（审美体验）成为可能。这就是审美感兴（审美体验）与审美意象的同一性。

---

[1] 王阳明：《王阳明全集·传习录》。
[2] 王阳明：《王阳明全集·文录·答季明德》。
[3] 石涛：《画语录·山川章第八》。

六

中国传统美学认为，审美活动所构建的这个意象世界虽然不是实在世界（物理世界），但它是一个真实的世界，或者说，它是人生的真实显示。

我们可以引用王夫之的"现量"说来说明中国传统美学的这一思想。

王夫之把因明学中的"现量"概念引进美学领域，用来说明审美活动的性质。

王夫之对"现量"做了如下的解释：

"现量"，"现"者有"现在"义，有"现成"义，有"显现真实"义。"现在"，不缘过去作影；"现成"，一触即觉，不假思量计较；"显现真实"，乃彼之体性本自如此，显现无疑，不参虚妄。

"比量"，"比"者以种种事比度种种理：以相似比同，如以牛比兔，同是兽类；或以不相似比异，如以牛有角比兔无角，遂得确信。此量于理无谬，而本等实相原不待比，此纯以意计分别而生。

"非量"，情有理无之妄想，执为我所，坚自印持，遂觉有此一量，若可凭可证。[1]

按这个解释，"现量"有三层含义："现在"义，"现成"义，"显现真实"义。王夫之用"现量"来规定审美活动，那就是说，在王夫之看来，审美活动必须具备这三种性质：审美活动是欣赏者接触外界景物时的直接感兴；审美活动是瞬间的直觉，排除抽象概念的比较、推理；在审美活动中，景物（世界）

---

[1] 王夫之：《相宗络索·三量》，《船山全书》第十三册。

的真实面貌得到显现。

王夫之在他的著作中一再强调审美活动所具有的"显现真实"的性质。他在《古诗评选》中说：

> 两间之固有者，自然之华，因流动生变，而成其绮丽。心目之所及，文情赴之，貌其本荣，如所存而显之，即以华奕照耀，动人无际矣。古人以此被之吟咏，而神采即绝。[1]

从王夫之的论述来看，所谓"显现真实"，所谓"貌其本荣，如所存而显之"，有两层含义。

第一层含义，是说世界万物都是有生气的完整的存在，而审美活动中产生的审美意象，正显示了世界万物这种作为生命整体的本来面目，所以是真实的。"比量"则不然。例如拿牛和兔相比，发现它们同是兽类，或者发现它们一个有角一个无角。这样得到的知识是正确的（"于理无谬"），但却不是真实的。因为这是用人的概念、语言把一个完整的存在加以分割（所谓"纯以意计分别而生"），从而破坏了事物本来的"体性""实相"，也就谈不上"如所存而显之"了。

第二层含义，是说人和世界本来是结成一体的，就在人和世界的一体中，产生了人生的意味。审美活动所建构的意象世界，正是一个有意味的世界，所以它是真实的世界，是真实的人生。王夫之说：

> 天不靳以其风日而为人和，物不靳以其情态而为人赏，无能取者不知有尔。"王在灵囿，麀鹿攸伏；王在灵沼，于牣鱼跃。"王适然而游，鹿

---

[1] 王夫之：《古诗评选》卷五谢庄《北宅秘园》评语。

适然而伏,鱼适然而跃,相取相得,未有违也。是以乐者,两间之固有也,然后人可取而得也。[1]

人与天地万物本来是欣合和畅、息息相关的。天之"风日"、物之"情态"就是天人合一的境界,而意象世界("乐"的境界)显示的就是这种境界。所以意象世界是真实的世界,"乐者,两间之固有也"。

王夫之指出,很多人不能得到这种"乐"的境界。因为他们习惯于用功利的眼光看待一切,不知道人生中还有这样一个有意味的世界。

审美活动就是为了使人返回这个有意味的世界。陶渊明的诗句:"此中有真意,欲辨已忘言。"王羲之的诗句:"群籁虽参差,适我无非新。"都是召唤人们返回这个天人合一的有意味的世界。这个世界是"真"的世界,用海德格尔的话来说,就是人生的"本真状态",因为人本来是诗意地存在着的。这个世界又是"新"的世界,是一次性的(唯一的)世界,"每件事物——一棵树,一座山,一间房子,鸟鸣——在其中都失去了一切冷漠和平凡","好像它们是第一次被召唤出来似的"(海德格尔)。[2]

我们当然不能否认我们的世界是一个物理的世界和功利的世界,所以我们需要从事科学活动和各种日用的、功利的活动,首先是最基本的生产实践活动。但是,我们同样不能否认我们的世界是一个有生命的世界和有意味的世界,所以我们在从事科学活动和各种日用的、功利的活动之外,还得要有审美活动。

只有在审美活动中,万物才能摆脱在概念化和功利化的眼光中看到的那种暗淡的和单调的模样,而向我们敞开一个新鲜的、有意蕴的、完整的感性世

---

[1] 王夫之:《诗广传》卷七《大雅》一七。
[2] 引自张世英:《天人之际》,人民出版社1995年版,第417页。

界。郑板桥有一段话:"十笏茅斋,一方天井,修竹数竿,石笋数尺,其地无多,其费亦无多也。而风中雨中有声,日中月中有影,诗中酒中有情,闲中闷中有伴。非唯我爱竹石,即竹石亦爱我也。"[1]竹子作为实用的、功利的物品,是单调的、乏味的。但在审美活动中,竹子与人结为一体,息息相通,充满了不可言说的诗意。梵·高有一幅油画《农鞋》。这双鞋,当农民漫不经心地穿上它、脱下它时,它只是一件实用的物品,是单调的、乏味的。但是在梵·高的审美活动中,这双鞋敞开了一个充满意蕴的感性世界:"从鞋具磨损的内部那黑洞洞的敞口中,凝聚着劳动步履的艰辛。这硬梆梆、沉甸甸的破旧农鞋里,聚积着那寒风料峭中移动在一望无际的永远单调的田垄上的步履的坚韧滞缓。鞋皮上粘着湿润而肥沃的泥土。暮色降临,这双鞋底在田野小径上踽踽而行。在这鞋具里,回响着大地无声的召唤,显示着大地对成熟的谷物的宁静的馈赠,表征着大地在冬闲的荒芜田野里朦胧的冬冥。这器具浸透着对面包的稳靠性无怨无艾的焦虑,以及那战胜了贫困的无言的喜悦,隐含着分娩阵痛时的哆嗦,死亡逼近时的战栗。"[2]这是一个真实的世界。

只有在审美活动中,人生才能超越日常生活的有限的"自我",从而克服人类生存所固有的基本焦虑。日本哲学家阿部正雄对人类的困境有一个说明:"作为人就意味着是一个自我;作为自我就意味着与其自身及其世界分离;而与其自身及其世界分离,则意味着处于不断的焦虑之中。这就是人类的困境。这一从根本上割裂主体与客体的自我,永远摇荡在万丈深渊里,找不到立足之处。"[3]审美活动正是对这个"从根本上割裂主体与客体的自我"的超越。审美

---

[1] 郑板桥:《郑板桥集·题画》。

[2] [德]海德格尔:《艺术作品的本源》。译文参见[美]李普曼编:《当代美学》,邓鹏译,光明日报出版社1986年版,第392页。

[3] [日]阿部正雄:《禅与西方思想》,第11页。

活动的特点，按张彦远的描绘就是"凝神遐想，妙悟自然，物我两忘，离形去智"[1]。这种审美的境界也就是天人合一的境界。只有在这种境界中，"才能把我们的胸襟像一朵花似地展开，接受宇宙和人生的全景，了解它的意义，体会它深沉的境地"[2]。只有在这种境界中，才能"浑万象以冥观，兀同体于自然"[3]。在这种境界中，人类生存的基本焦虑将得到消解。

所以我们可以说，没有审美活动，人就不是完全意义上的真实的人；没有审美活动，人生也就不是完全意义上的、真实的人生。

王夫之说：

> 能兴即谓之豪杰。兴者，性之生乎气者也。拖沓委顺，当世之然而然，不然而不然，终日劳而不能度越于禄位田宅妻子之中，数米计薪，日以挫其志气，仰视天而不知其高，俯视地而不知其厚，虽觉如梦，虽视如盲，虽勤动其四体而心不灵，惟不兴故也。圣人以诗教以荡涤其浊心，震其暮气，纳之于豪杰而后期之以圣贤，此救人道于乱世之大权也。[4]

王夫之这段话把审美感兴（"兴"）和生命的本体（"气"）联系在一起。王夫之认为，审美感兴植根于人的生命本体。换句话说，审美感兴是人的生命本体的要求。人的生命要求人不仅创造生活，而且充分享有生活。充分享有生活不仅意味着物质上的占有，而且意味着从精神的、感情的方面同自己的生活进行交往。这就需要审美感兴。审美感兴使人超越动物性的本能生活，超越本能

---

[1] 张彦远：《历代名画记》卷二，《论顾陆张吴用笔》。
[2] 宗白华：《美学散步》，上海人民出版社 1981 年版，第 183 页。
[3] 孙绰：《天台山赋》，见《全上古两汉三国六朝文》。
[4] 王夫之：《船山全书》第十二册，《俟解》。

生活所划定的狭隘范围，超越日常生活中那个与世界分离的"自我"，从而开拓一片广大的精神空间，获得只有人才有的，不仅能生活而且能观照的自由。王夫之认为，只有这样，人才能摆脱庸俗委琐的境地，上升到豪杰、圣贤的境界。因此，审美活动对于人性、对于人的精神生活是绝对必需的。

这就是审美活动的社会功能。审美活动不能产生实用的、功利的效果，审美活动也不是要认识事物的规律，建立知识体系。审美活动是感性个体的"我"溶浸于生活和世界之中，同生活和世界结为一体，去感悟生命的意义和价值，体味其中的"真味"。换句话说，审美活动就是要在物理世界和功利世界之外发现、构建一个有意味、有情趣的世界。

七

我们可以看到，中国传统美学关于审美活动的论述（如以上我们所介绍的），确实很有现代意味。当然，这需要经过人们用现代眼光加以阐释。

中国传统美学的这些思想，对于我们解决现代美学所面临的基本理论问题，是很有启发的。启发不仅来源于西方美学。

但是，中国传统美学的这些思想，在我们国内五十年代、六十年代的美学讨论中基本上没有得到反映。

国内美学界许多人已经意识到，为了建设现代美学，我们应该扬弃五十年代、六十年代那场美学讨论，首先要超越那场讨论的理论眼界和思维模式。

为了扬弃和超越五十年代、六十年代那场讨论，不仅要求我们认真地研究西方现当代美学，而且要求我们认真地研究中国传统美学。

我认为，所谓"现代美学"，绝不是如有些人所理解的，简单地等同于二十世纪的西方美学。"现代"是一个全球概念。"现代美学"应当是站在二十世纪九十年代和二十一世纪的高度，吞吐东西方文化的全部精华所建设起来的、具有国际性的学科。因此，忽略中国传统美学，将难以建设现代美学。

令人遗憾的是，对于中国传统美学所包含的东方智慧，对于中国传统美学的丰富性、深刻性和民族独创性，国外的知识界、文艺界可以说基本上一无所知。西方知识界很多人都为他们面临的人类生存的困境、艺术的困境和人的价值危机感到焦虑。他们不知道，充满着东方智慧的中国传统美学对于他们摆脱面临的艺术困境和精神危机，可能在某些方面提供极为宝贵的启示。西方知识界对于中国美学的这种隔膜和无知，是美学这门学科始终未能突破西方文化的局限的一个重要原因。

更值得我们严重关切的是，我们中国人自己对中国传统美学也了解得很少。学术界对于中国美学史的研究，还处于一个刚刚开始的阶段。我们已经发现很多很有意思、很有特色的东西，但是还来不及做深入的研究。还有很多东西我们根本不知道，它们被掩盖了、被遗忘了，还有待于进一步发现。对于中国传统美学的基本精神和理论内核，我们还缺乏认识，至少还没有准确地把握。在这方面，我们应该有一种紧迫感。我们应该下大力量发掘、整理、研究中国传统美学，用现代眼光加以阐释，并且努力把它推向世界，使它和西方美学的优秀成果融合起来，实现新的理论创造。这是我们中国学者对于人类文化的一个应有的贡献。

本文原载北京大学中国传统文化研究中心《国学研究》第二卷

1994 年 7 月

《庄子》的诗意

一

大家都公认,庄子是一位大哲学家,同时又是一位大诗人。《庄子》这部书,不仅是一部哲学书,而且是一部诗集。《庄子》这部书,几千年来吸引了无数的中国文人和艺术家,不仅是因为它的哲学,而且也是因为它的诗意。

现在我们要讨论的问题是,《庄子》的诗意在哪里?一部哲学书为什么会有诗意?怎么解释这种现象?这种现象又给我们什么启示?

对《庄子》的诗意,很多人所作的解释,是《庄子》这部书从头到尾都有很浓郁的抒情的意味。这一点,也是每个读《庄子》的人都很容易感受到的。举一个例子:

> 送君者皆自崖而返,君自此远矣!

读了这段话,使人惆怅不已。闻一多说:"他是一个抒情的天才。"明人吴世尚说:"《易》之妙妙于象,《诗》之妙妙于情,《老》之妙得于《易》,《庄》之妙得于《诗》。"

但是，仅仅从抒情这一点来解释《庄子》的诗意，还是很不够的，或者说，还是表层的。我们还要寻求深一层的解释。

所谓深一层的解释，就是要分析《庄子》抒的什么"情"，或者说，《庄子》这部书的主题是什么。

对《庄子》书的主题，有各种说法。最重要的说法有两种。

一种说法，《庄子》的主题就是追求精神自由。《庄子》认为当时的社会限制人的自由，人应该从社会的束缚中解放出来，获得一种精神的自由。《庄子》第一篇是《逍遥游》。"游"是《庄子》书中一个很重要的观念。

再一种说法，《庄子》的主题是寻找精神家园。这种说法，就我看到的，最早是闻一多先生提出来的。

闻一多说：

> 庄子的著述，与其说是哲学，毋宁说是客中思家的哀呼；他运用思想，与其说是寻求真理，毋宁说是眺望故乡，咀嚼旧梦。(《古典新义·庄子》)

闻一多说，《庄子》书的诗的情趣，就在于这种思念故乡、眺望故乡的情意，就在于这种"神圣的客愁"。这就是庄子的"情"。所以闻一多说"庄子是开辟以来最古怪最伟大的一个情种"。

所以闻一多又说，"若讲庄子是诗人，还不仅是泛泛的一个诗人"。

你如果只看到《庄子》这部书的抒情的意味，那么，庄子对你还是一个一般的（泛泛的）诗人；如果你已经体验和把握到《庄子》书包含的这种"神圣的客愁"，那么庄子对你来说就不再是一个一般的诗人。

《庄子》书中确实充满了乡愁，充满思念故乡、眺望故乡的深情。我们可以举出两段话来看。

第一段是《则阳》篇中的：

旧国旧都，望之畅然。虽使丘陵草木之缗入之者十九，犹之畅然。况见见闻闻者也，以十仞之台县（悬）众闲（间）者也！

（译文："望见自己的故国故乡，多么快活！虽然荒草已经把它掩盖了十之八九，看到了还是使人这么激动！何况这回是真的亲自见到了故乡，就像眼前有一座十仞的高台那样清楚！"）

第二段是《徐无鬼》篇中的：

子不闻夫越之流人乎？去国数日，见其所知而喜；去国旬月，见所尝见于国中者喜；及期年也，见似人者而喜矣；不亦去人滋久，思人滋深乎？夫逃虚空者，藜藋柱乎鼪鼬之迳，踉位其空，闻人足音跫然而喜矣，又况乎昆弟亲戚之謦欬其侧者乎！

（译文："你没有听说越国那些被流放的人吗？刚离开家乡几天，碰见老朋友就十分高兴；等到离开家乡一个月了，碰见过去见过的人就很高兴；一旦离开家乡一年了，只要碰见和家乡的人面貌有点相像的人就高兴了。这不就是和家乡的人离开越久，对家乡的人思念越深吗？那些流落到深谷中的人，四周只有长得比人还要高的茅草。这种人长久生活在荒野，只要听到人的脚步声就会高兴得不得了，何况让他回到他的兄弟亲戚之中呢！"）

第一段话是写望见故国旧都的喜悦,第二段是写离乡背井者的乡愁。这里所说的故国故乡,都是一种比喻,是指人的真性,人的本来面目。

庄子既然追求自由,要作逍遥游,为什么又说《庄子》的主题是思念故乡,眺望故乡?是不是矛盾?

是矛盾,但又是统一的。

现在科技发达,人可以到月球旅行。这可以说是"游"得相当远了。如果我们问:这种远游的意义何在呢?或者说,旅行月球的最大的好处(用处)是什么呢?你怎么回答?有位哲学家是这么回答的:旅行月球的最大的用处,在于激起你归家的愿望。不离开家,你就无法体会到家的温暖。所以,庄子的逍遥游可以说就是归家(找到真我)的过程。老子说:"大曰逝,逝曰远,远曰反。"远了,还要返回。这不同于西方的浮士德精神,浮士德精神是一直向外做无穷的追求。中国人要返回家园。逍遥游是为了激起归返家园的渴望。

我们常常把人生比作旅行。按这种比喻,人的一生都在旅行。那么,他什么时候回家呢?他的家在哪儿?人能不能找到回家的路?

> 悠悠远行客,去家千余里。出亦无所之,入亦无所止。浮云翳日光,悲风动地起。(曹植《悠悠远行客》)。
>
> 何处是归程,长亭更短亭!(李白《菩萨蛮》)

曹植的诗和李白的词都包含了一种极深刻的人生感。人生有如远行、漂泊,返回家园的路程极为漫长、遥远。

近现代西方一些哲学家对于人生旅途作了一种新的解释。他们认为,我们之所以说人生是旅行,是因为人在现实社会中,离开了精神家园。人为什么会离开精神家园？因为现代西方社会中有一种异化的现象，人和大地分开，人和自己的创造物分裂，因而人在精神上成为无家可归的流浪者、漂泊者，精神上极其孤独（如卡夫卡的小说、荒诞派的戏剧所反映的）。所以人的一生始终存在的愿望就是回归故乡——寻找一个精神家园。哲学也好，诗歌也好，都是人类返归家园的渴望、探索。

德国浪漫派诗人的先驱荷尔德林就一再在他诗中吟唱："何处是人类／高深莫测的归宿？"（《莱茵颂》）他不断呼喊要"返回故园"。"还乡"是他的主题——还乡，就是要回到一个诗意的人生，或者说，回到一个没有异化的本来的人生。

要还乡，必须先有流浪，漂泊他乡。就像海德格尔说的："惟有这样的人方可还乡，他早已而且许久以来一直在他乡流浪，倍尝漫游的艰辛，现在又归根返本。"（《对荷尔德林的诗的解释》）这样的游子，他"远离故土，却一直凝视、眷恋、光耀自己的故乡"（海德格尔）。

而这就是庄子。

德国另一位浪漫派诗人诺瓦利斯说："哲学原就是怀着一种乡愁的冲动到处去寻找家园。"

庄子哲学就是这样一种怀着乡愁的冲动寻找家园的哲学。

这就是《庄子》的主题。这就是《庄子》的诗意。

庄子这种"神圣的客愁""思家的哀呼"，又可以分成两个方面来说。一方面是对人生旅途的困苦、烦恼的呼喊，一方面是对于精神家园的寻找、思念、眺望。当然这两个方面是联系在一起的。

我们分开来说一说。

二

先说对人生旅途的困苦和烦恼的呼喊。

《庄子》书中充满了这种呼喊。闻一多指出,在庄子看来,人生如羁旅,而羁旅中的生活却是那般龌龊,逼仄,孤凄,烦闷。

庄子认为,人生下来,忧愁就跟着产生了。

《至乐》篇说:"人之生也,与忧俱生。"

《齐物论》篇说:"一受其成形,不亡(化)以待尽。与物相刃相靡,其行进如驰,而莫之能止,不亦悲乎!终身役役而不见其成功,苶然疲役而不知其所归,可不哀邪!人谓之不死,奚益!"(译文:"人一旦生下来,和外物摩擦,拼命地奔跑,身不由己,不是很可悲吗?终生劳劳碌碌,没有结果,疲惫困苦,没有一个归宿,不是很可哀吗?这样的人即便不死,又有什么意思呢?")

《至乐》篇讲了一个故事,大意是:庄子到楚国,见到一个骷髅,他就用马鞭敲敲它,并且说:"你这位先生怎么会得到这种下场呢?是享乐无度,伤害了身体而死的吗?是国家动乱,被人杀死的吗?是干了坏事,没有脸再见父母妻子,自杀的吗?是因为生活贫穷,冻饿而死的吗?还是你年寿尽了自然死亡的呢?"说完,他就把骷髅当枕头睡了。半夜,梦见骷髅对他说:"你刚才这一番话倒很像个大辩论家的样子。但是听你说的那一套,其实都是活着的人才有的累赘(负担)。人一死,就没有这些乱七八糟的忧虑了。你愿意听听什么叫'死'吗?"庄子说:"我可以听一听。"骷髅说:"所谓'死',就是既无君臣之分(没有社会等级的规范),也没有春夏秋冬冷热的烦恼,从容自得,生活在天地之间,比南面王还要快乐。"庄子说:"我可以想办法去请掌管生死的神灵帮助你复活，让你回去和父母妻子团聚，你愿意吗？"骷髅一听，脸上马上露出一副忧愁的样子，说："我怎么能抛弃南面王的快乐，重新到人间去受罪呢？"

人生的这种忧愁、烦恼，是怎么产生的呢？有一种解答：这是当时社会的动乱所产生的（《孟子》书中就有"杀人盈城""杀人盈野"的记载）。但庄子不限于这种解答，他要寻找一种更根本的解答。更根本的解答，庄子认为是人丧失了自己的本性，而被外物所统治。他称之为"殉"，用我们今天的话来说，就是"拜物教"。人创造了财富和文明，反过来为财富和文明所统治，成为物的奴隶。《庄子》说："天下尽殉也。"（《骈拇》）"殉"，就是为了追求外在的"物"而牺牲自己自然的本性。《庄子》说："自三代以下者，天下莫不以物易其性矣。小人则以身殉利，士则以身殉名，大夫则以身殉家，圣人则以身殉天下。故此数子者，事业不同，名声异号，其于伤性以身为殉，一也。"（《骈拇》）总之，是"伤性以身为殉""以物易其性"——就是因为追逐外物而改变了、丧失了自己的本性（丧失了"真我"）。

很多学者认为，庄子这些说法的实质就是指出一种文明的"悖论"，或者说，指出了人性的"异化"。人类进入文明社会，随着财富的增加，形成了等级制度，制订了各种法律、道德规范。但是，庄子发现，这些财富、制度、法律、道德，却变成了统治人、支配人的异己力量。庄子看到了并指出了人和自身、人和世界的分离。正是在这一点上，庄子和现代西方的很多哲学家的思想是相通的。

日本哲学家阿部正雄有一段话：

> 作为人就意味着是一个自我；作为自我就意味着与其自身及其世界的分离；而与其自身及其世界分离，则意味着处于不断的焦虑之中。这就是

人类的困境。这一从根本上割裂主体与客体的自我，永远摇荡在万丈深渊里，找不到立足之处。(《禅与西方思想》)

可以说，庄子看到了这种焦虑所造成的人类的困境。这种焦虑是人生旅途不可避免的。庄子的"神圣的客愁""思家的哀呼"，诺瓦利斯所谓"哲学就是怀着一种乡愁的冲动到处去寻找家园"，就是要寻求克服人生的这种焦虑，摆脱人类的这种困境。

三

按照庄子，人应该怎样才能克服这种焦虑呢？

那就是超越"自我"。用庄子的话，就是"无己"。普通人都"有己"。"有己"，就有生死、寿夭、贫富、贵贱、得失、毁誉种种计较。只有"至人""神人""圣人"才能超越"自我"，"至人无己，神人无功，圣人无名"(《逍遥游》)。无己、无功、无名，也就超越了主客二分。只有这样，才能克服人与世界的分离，回复到"真我"，用老子的话，就是回复到婴儿的状态("复归于婴儿")。用海德格尔的话，就是回复到一种本真的状态。这种状态，就是人的精神家园。这就是庄子"眺望故乡""思念故乡"的含义。

这种超越"自我"的境界，庄子称之为"体道"的境界，或者说"游心于道"的境界(《知北游》"夫体道者，天下之君子所系焉")，也就是"天地与我并生，万物与我为一"的境界。这是一种"天人合一"的境界，也是一种精神自由的境界。庄子又称之为"心斋""坐忘"。

达到这种境界，就是"真我"，庄子称之为"真人"。"天与人不相胜，是之谓真人。"(《大宗师》)"真我"超越了主客二分。

庄子认为，天人本来是合一的，"自然"是人的本性，所以他说"天在内，人在外"(《秋水》)。天在内，就是说，"自然"是人的内在本性。"人在外"，是说人的情欲、知识等等都是外在的东西。他又说："无以人灭天。"就是说，不要以人为的活动去改变人的自然本性。又说："谨守而勿失，是谓反其真。"(《秋水》)"谨守而勿失"，就是不要失掉自己的本性，"反其真"，就是回到"真我"，恢复自己的自然本性。

庄子认为，要达到这种超越自我的境界，要有一个修养的过程。《庄子》书中有好多地方讨论这个问题。庄子认为，一个人要游心于道，第一步是"外天下"，即排除对世事的思虑；第二步是"外物"，即抛弃贫富得失等各种计较；第三步是"外生"，即把生死置之度外。一个人的修养达到了"外生"的阶段，就是"朝彻"，也就是能使自己的心境如初升太阳那样清明澄澈。"朝彻"，也就达到了"游心于道"的境界，获得"至美至乐"。庄子认为这是一种高度自由的精神境界。庄子称之为"游"。"游"是"无为"，是"不知所求""不知所往"，没有实用功利目的，没有利害计较，不受束缚，十分自由。人处在这种境界中，"自生""自化"，各复其根——回到了自己的家园。

四

在《庄子》书中，这种寻求精神家园的哲学，并不是用阴冷枯燥的抽象概念来表达的。庄子把他的哲学化为热烈的情感，化为一连串奇妙的想象、幻想、象征、意象。

我们一开始曾引用闻一多的话，说庄子是开辟以来最伟大、最古怪的一个

"情种"。为什么说他"最伟大""最古怪"？因为庄子的深情，是对于宇宙人生的情感，不是他一己"小我"的悲欢，而这就是庄子的诗意。这是哲学与诗的统一、智慧与深情的统一。庄子的这一特点对魏晋南北朝的审美风尚有很大的影响。

从《庄子》的诗意，我们可以得到一个重要的启示，那就是：哲学和诗，在它们的最高点上是统一的（具有统一性）。最高的哲学是诗，最高的诗是哲学。一首好的诗，往往在篇终给人一种哲学的境界，一种人生感、历史感、宇宙感。一本好的哲学书，它的篇终，则常常弥漫着一种诗意。黑格尔的《精神现象学》借用席勒的诗句作结，康德的《自然通史和天体理论》一书的结尾也充满了一种诗的意味。

当然，哲学和诗并不是任何时候都能统一的。大家知道，席勒是又写诗，又写哲学，但他觉得自己的抽象思维与诗的想象往往互相妨碍、互相冲突。写诗时，抽象思维跑出来，影响情感的热烈和形象的生动；写哲学时，艺术想象又跑出来，影响理论的逻辑性和深度。歌德就曾批评他过分醉心于抽象的哲学理念而损害了诗的形象性。所以席勒一生都为此而苦恼。但是在《庄子》中，哲学和诗是融化的。这并不是说庄子采取了诗的形式（韵语），而是他的哲学和诗达到了内在的统一。尼采也是如此。尼采把诗融进哲学，把哲学诗化，他使哲学的思考闪烁着诗的光华。他给予人生和世界一种审美的、艺术的解释。尼采也写诗。尼采把他的哲理和思考融进他的诗中。

五

庄子的这种"客中思家"的呼喊，这种寻找精神家园的诗意，极其深刻地影响了中国的哲学、文学、艺术。在历代的文学家、艺术家的作品中，我们可以一再发现这种诗意，其中最典型，或者说最完美的一位文学家，就是陶渊明。陶渊明的诗意，就是庄子的诗意，也就是怀着乡愁的冲动寻找家园，一种返回精神家园的渴望。

我们可以说，通过陶渊明，有助于我们进一步把握庄子的诗意。当然反过来也可以说，通过庄子，有助于我们进一步把握陶渊明的诗意。

朱熹说："渊明所说（悦）者庄、老。"（《朱子语类》卷一三六）朱自清也说："陶诗里主要思想实在还是道家。"（《陶诗的深度》）他们都认为陶渊明的思想源自老庄。

我们看陶渊明的四句诗：

少无适俗韵，性本爱丘山。误落尘网中，一去三十年。（《归园田居》其一）

"尘网"，就是离开了家园，离开了自然。自然不是自然界的意思，而是天性、本性，就是庄子讲的"天"。陶渊明诗中一再出现这个"尘"字，如"尘网""尘想""尘杂"，同时也一再出现"俗"字。这个"尘"或"俗"，就是自然的丧失，人的本性的丧失。所以陶渊明说：

羁鸟恋旧林，池鱼思故渊。（《归园田居》其一）

"恋旧林""思故渊"，就是眺望故乡，思念故乡。故乡在哪里？它不一定要隐居到深山老林去，它是一种精神家园——回复到人的自然本性。

陶渊明接着说：

开荒南野际，守拙归园田。方宅十余亩，草屋八九间，榆柳荫后檐，桃李罗堂前。暧暧远人村，依依墟里烟。狗吠深巷中，鸡鸣桑树巅。户庭无尘杂，虚室有余闲。久在樊笼里，复得返自然。(《归园田居》其一)

"樊笼"，就是"尘网"，就是庄子说的"殉"，"以物易其性"——追逐外物而丧失自己的本性。返归自然，就是恢复自己的本性——回到"真我"。也就是《庄子》说的"游乎尘垢之外"。

陶渊明又说："结庐在人境，而无车马喧。问君何能尔，心远地自偏。"(《饮酒诗》)这说明，所谓"返自然"，并不一定要找一处名山，当隐士。"结庐"可以在"人境"，关键是"心远"。"心远"，就是具有超越性，超越自我——超越利害得失的考虑，超越富贵，超越虚名，超越生死，这也就是从"尘网""牢笼"中解放出来，回到自己的故乡，恢复了自然本性。这是精神家园，是精神境界，他称之为"自然"，又称之为"真"。——《饮酒诗》："羲弄去我久，举世少复真。"《劝农诗》："悠悠上古，……抱朴含真。"《感士不遇赋序》："真风告逝，大伪斯兴。"萧统《陶渊明集序》说陶渊明的怀抱"旷而且真"。"旷"就是"心远"，胸次浩然。"真"就是老庄的"自然"，是一种精神境界。《庄子·渔父》："真者所以受于天也，自然不可易也，故圣人法天贵真，不拘于俗。"在庄子思想中，"真""天""自然"是相通的概念。有了这种精神境界，就能超越尘俗。《归园田居》所描绘的就是这种精神境界："野外罕人事，穷巷寡轮鞅。白日掩荆扉，虚室绝尘想。时复墟曲中，披草共来往。相见无杂言，但道桑麻长。我麻日已长，我土日已广。常恐霜霰至，零落同草莽。"(《归园田居》其二)"种豆南山下，草盛豆苗稀。晨兴理荒秽，

带月荷锄归。道狭草木长,夕露沾我衣。衣沾不足惜,但使愿无违。"(《归园田居》其三)

读陶渊明这首组诗,如果只是一般地看到他不愿做官,而追求一种平淡朴素的田园生活,似还不够。他主要是表现一种精神境界,一种超越利害得失的境界,一种超越物我对立的境界。就这一点来说,他是庄子的继续,同时和当代西方如海德格尔这样的哲学家的思想,也有某种相通之处。

中国老百姓要为平淡的人生增添一点情趣

中国美学不仅重视艺术领域的美,而且十分重视社会生活领域的美,特别重视老百姓的日常生活的美。

中国美学广泛地渗透到老百姓的日常生活当中。中国老百姓在普通的、平凡的日常生活中,都着意去营造一种美的氛围。这种日常生活的诗化,可能从孔子那个时候就开始了。《论语》记载孔子很欣赏曾点的理想生活方式:"暮春者,春服既成,冠者五六人,童子六七人,浴乎沂,风乎舞雩,咏而归",就是一种日常生活中的美的氛围,是日常生活的诗化。在孔子之后几千年的历史中,中国老百姓在衣、食、住、行的日常生活中,都着意营造一种美的氛围。中国老百姓日常生活的美,在很多时候都是氛围的美。中国古代很多有名的诗句,如"渡头余落日,墟里上孤烟"(王维)、"姑苏城外寒山寺,夜半钟声到客船"(张继)、"儿童相见不相识,笑问客从何处来"(贺知章),都是描绘日常生活的诗意的氛围。这种诗意的氛围,往往沁入人的心灵的最深处。

这种美的氛围,可以分为两种情况来说。

一种是普通平民百姓的美感追求,他们在最普通的生活世界中营造美的氛围。

中国老百姓的衣食住行、民俗风情,处处体现出中国人的安详、平和、乐观、开阔的内心世界。如《清明上河图》描绘的北宋汴梁（今河南开封）快活热闹的气氛，老北京喧闹的天桥、胡同和吆喝声、蓝天传来的鸽哨声、小酒馆悠然自得的情调，老上海的开放、时尚和活力，中国人在喝茶、饮酒、打太极拳、下围棋时着意营造的诗意的氛围，等等，都显示出中国人乐观、平和的心态，寄寓着中国人的审美情怀。**中国人在饱含酸甜苦辣的世俗生活中追求心灵的愉悦，用各种方法为平淡的人生增添一点情趣和快意。**

我们先看《清明上河图》。

《清明上河图》是北宋时期的一幅绘画，创作时代距今天已有九百年。

打开《清明上河图》，一个广阔的生活世界展开在我们面前：一个孩子领着几只毛驴，驮着木炭，过一座小桥；五个纤夫拉着一条大船，往上游行走；一批搬运工，背着从船上卸下的货物，手上还拿着一根计数的筹码；大船放倒船桅要驶过虹桥，船上人手忙脚乱，四周无数人在观看、呼叫，帮助出主意；桥上挤满了行人、毛驴、轿子，还有两个人拉开架式在吵架；桥头乱糟糟地摆满了货摊、地摊；酒店楼上几个客人在喝酒；木匠师傅在店门口制造车轮；摆地摊卖膏药的人吸引了一圈人听他胡吹；一家大户人家门口，七八个佣人在闲坐，有一个干脆躺在地上睡觉；算命先生的棚子里挂着"神课""看命""决疑"的招牌；城楼外无数牛车、独轮车、挑夫；几头骆驼正穿过城楼；城楼下有人正在理发，城楼里面堆着一些货物，有人正在报关；紧接着是卖大木桶和弓箭的小店，店中一人正在拉弓，一人口咬绑带正为自己绑上护腕；再接着是"孙羊正店"，这是大酒楼，楼上宾客满座，后院倒叠着无数酒瓮；再接着是一家肉铺，挂着"斤两十足"的牌子；再过去有客栈、香料铺、绸缎铺、药铺、当铺，药铺中一位妇女抱一个小孩，另一位妇女捧碗正要给小孩服药；还有一口沿街水井，三个人正在打水；最后是一家大宅院，门前有家丁坐在下马石上闲聊；大街上有各种货摊，卖花的，卖清凉饮料的，卖甘蔗的，骑马的，坐轿的，挑担的，推车的，走路的，还有许多四匹马拉的大车；行人中有拿锯的，有拿扇遮头的，有和尚、道士，还有像玄奘那样背着行李的行脚僧，总之是各式人等，应有尽有。有人数过，画面上出现的一共有七百七十多人。

《清明上河图》用写实的手法，表现真实的人和真实的生活，就像你亲眼在汴梁城看到了这一切：汴河、船只、虹桥、牲口、街道、酒店、货摊、风景。这些最普通的人和最普通的生活场景，用不着美化夸张，用不着改头换面，单凭本色就使人看了愉快，因为这里渗透着城乡居民对勤俭、安定的汴梁生活的满足和美感，渗透着他们对看来微不足道的事物的爱好，渗透着一种毫无拘束的快活热闹的气氛。画上那些看来是琐碎的生活细节：大街上一个大人扶着一个小孩走路，肉铺里一个小孩正在帮一个胖胖的掌柜磨刀，一辆辆满载货物的牛车和马车在行驶，一大堆大人小孩围着听一个人说书，僧侣们在街上与人交谈，**处处透露出市民们满足的、散淡的心态，透露出一片宁静安乐的和谐，令人心旷神怡**。街道上四处是休闲的人流，大群的人在桥上观看，前拥后簇，大呼小叫，就连正在过桥的大船上一个小孩也在跟着大人喊叫。有的人在汴河两岸看着急速的流水，有的人在城楼下的空地里悠然地休憩。他们安祥的幸福的神态，就像春天里缓缓流淌的河水。观众会觉得画中的生活非常舒服、自在。这种安乐和谐的气氛，这种毫无拘束的快活热闹的气氛，正是《清明上河图》这幅民俗风情画的无上价值之所在。因为这种对于安乐和谐生活的幸福感和美感，这种毫无拘束的快活热闹的气氛，正显现了人之为人的本质。《清明上河图》显示的，就是这种普通人的本真的美。

《清明上河图》体现了古代中国普通老百姓的美感世界。

我们再看老北京普通老百姓的美感世界。

一提起老北京，人们脑中就会浮现出前门城楼下的骆驼队，熙熙攘攘的天桥，一条条胡同以及胡同里的叫卖声，四合院里的春夏秋冬，豆腐脑、炒肝儿、豆汁等各种小吃，相声、大鼓、单弦等各种京腔京韵的演唱……种种图景，构成了一曲渐渐远去的古老的歌。

老北京百姓的休闲生活也有古都的特色，精致、适度，而又悠然自得，渗透着一种"京韵"和"京味"。

喝茶、饮酒是老北京百姓休闲的主要方式。

老北京的茶馆很多，到茶馆喝茶的人五花八门，有记者、作家、文人学者、戏曲演员、棋手、教师、学生、工匠、破落的八旗子弟等等。手提鸟笼遛鸟的市民也常到茶馆休息。他们把鸟笼挂在棚竿上或者放在桌子上，一边喝茶，一边赏鸟，这时茶馆里各种鸟鸣声就响成一片。茶馆是当时的一个社交场所，是一个浓缩的小社会，每天上演着一出出饱含着老百姓酸甜苦辣的喜剧和悲剧，映射出历史的变迁。老舍的著名话剧《茶馆》对此有出色的描绘，已经成了经典。

老北京城里酒馆也很多。大的酒店多集中在东单、西单、东四、西四、前门外、鼓楼前这些繁华商业区，小酒馆往往开设在胡同口。小酒店的柜台上摆着许多下酒菜，如煮花生、豆腐干、香椿豆、松花蛋、熏鱼、炸虾等，店堂里放几只大酒缸，上面摆着红漆的大缸盖，作为酒客饮酒的桌子，所以这种小酒店俗名叫"大酒缸"。

北京的普通老百姓到了酒店，要上二两白干、一碟豆腐干、一碟花生米，一边和酒店中其他饮酒的顾客聊天，一边慢慢品尝酒的滋味。酒和菜很便宜，但饮酒的人都很知足、快乐。整个酒馆散发着一种悠然自得的情调。

北京老百姓的休闲生活花样很多，除了饮酒、品茶，还有玩鸟的、玩金鱼的、玩风筝的、玩蝈蝈的、玩蟋蟀的、玩瓷器的、玩脸谱的、玩盆景的、玩泥人的、玩面人的、玩吃喝的……北京的普通老百姓用各种方法"找乐子",为平淡的人生增添一点情趣和快意。

北京老百姓喜欢养金鱼。养金鱼的风气从金、元时代就有了。一般平民百姓喜欢在自家庭院摆上鱼缸。金鱼缸和石榴树成了四合院中不可缺少的摆设。

北京老百姓喜欢养鸽子。养鸽子的乐趣在于放飞。有人还喜欢制作精美的鸽哨,系在鸽子的尾羽中间。民俗学家王世襄说,天空中鸽哨的声音已经成为北京的象征。"在北京,不论是风和日丽的春天,阵雨初霁的盛夏,碧空如洗的清秋,天寒欲雪的冬日,都可听到空中传来央央琅琅之音。它时宏时细,忽远忽近,亦低亦昂,倏疾倏徐,悠悠回荡,恍若钧天妙乐,使人心旷神怡。""它是北京的情趣,不知多少次把人们从梦中唤醒,不知多少次把人们的目光引向遥远的天空,又不知多少次给大人和儿童带来了喜悦。"[1]这是北京普通老百姓的一个美感世界。

《清明上河图》表现的古代中国普通老百姓的美感世界和老北京的普通老百姓的美感世界告诉我们,中国老百姓在普通的、平凡的日常生活中,都着意营造一种美的氛围,都着意去追求一种美的享受。这种美的追求,是中华民族的强大的生命力的一种体现。

常常有人问我:你讲美,讲诗意的人生,但对于普通老百姓来说,对于中国历史上生活在贫困环境中的平民百姓来说,这种美的追求现实吗?我的回答是,从历史上我们可以看到,**对中国老百姓来说,美的追求和他们的生命的追求是连在一起的,生活再艰难再贫苦,中国老百姓也要活下去,而且要活得有味道。**二十世纪七十年代末,北大一位老师对我说,他和一位老工人是邻居。

---

[1] 王世襄:《北京鸽哨》,见《锦灰堆》第二卷,生活·读书·新知三联书店1999年版,第585页。

这位工人师傅劳动了一个星期，在周末一定要到小铺去打二两白干，买一节粉肠，当时工资比较低，生活条件不好，但这位老工人还是要想办法来喝点酒度周末，这对他不仅是恢复疲劳，这对他还是一种享受。我们看《白毛女》，过年的时候杨白劳要为喜儿买一根红头绳。穷苦农民在过年的时候总是想尽办法要为家里的小孩买一身新衣服，要在窗户上贴上窗花，这里有物质生活的追求，也有美的追求。刚才说过，老北京的老百姓喜欢养金鱼、养鸽子、放风筝，还要制作精美的鸽哨，总之，要为自己的平淡的生活增添一点情趣和快意。刚才提到的《清明上河图》的画面也是这样，你看当时普通老百姓的生活氛围，渗透着普通老百姓对生命的追求和美的追求。正因为这样，正因为有这种强烈的生命的追求、美的追求，中国的老百姓在历史上经历多少艰苦磨难，还依然能生存下来。这是中华民族生生不息的强大生命力的体现。我认为，认识这一点，对于认清我们中华民族的民族性格极为重要。

这是一种情况，是普通老百姓日常生活中的美感追求。

再一种情况，是生活条件比较好（小康生活）的民众，特别是一些文人和艺术家的美感追求。他们的经济条件比下层平民百姓要优越，他们的文化修养也比一般老百姓高，诗、词、歌、赋、琴、棋、书、画，品茶、焚香，园林、戏曲，成了他们的生活爱好。在他们的生活圈子里，逐渐形成了一种优雅、精致的审美情趣，这种审美情趣也会影响平民百姓，影响一般的社会风气。

例如，魏晋时期，当时的文人艺术家经常聚在一起登山临水，游览观赏自然之美，他们赏景、饮酒、赋诗、清谈。最有名的是兰亭雅集。永和九年（353）三月三日，王羲之、谢安、孙绰等四十二位文化人在兰亭聚会，"天朗气清，惠风和畅"，"仰观宇宙之大，俯察品类之盛"，在浓郁的诗意氛围中感悟生命的本真。这是日常生活的审美化，在诗意的生活氛围中，他们的审美情

趣跃升到形而上的层面。

宋代以来，特别是明清时期，一批文人、艺术家在园林、器玩、戏曲、诗词、琴、棋、书、画、茶、酒、香、花等休闲领域开拓了一个新的生命活动的空间，这是非实用的、审美的空间，用他们的话来说，这是一个张扬"性灵"的空间。他们弹琴，赏花，品茶，焚香，设计园林，赏玩奇石……在这个生命空间中，他们培育出了各种最发达的感官：味觉感官，听觉感官，嗅觉感官，触觉感官。据记载，晚明南方的品茶专家闵汶水可以分辨出五十种名茶的产地、成色和十多种泉水的滋味，明代末年的小说家董若雨可以辨别出空气中上百种香气。董若雨把各种植物的花和叶子放在特制的博山炉里蒸煮，发出各种香气。他说，蒸蔷薇，如读秦少游小词，艳而柔，轻而媚；蒸桔叶，如登山远望，层林尽染；蒸菊，如踏着落叶走入一个古寺；蒸茗叶，如咏唐人小令，曲终人不见，江上数峰青；蒸兰花，如展读一幅古画，落寞之中气调高绝；蒸松针，如夏日坐在瀑布声中，清风徐徐吹来。[1] 你看，这些文人有多么发达的感觉器官！他们运用这种感官营造了一个精致、优雅的审美世界。

这两种情况都属于中国普通老百姓的美感世界。中国老百姓在普通的、平凡的日常生活中营造美的氛围，追求心灵的愉悦，其中一些文人、艺术家在他们爱好的非实用的生活领域形成了一种优雅的、精致的审美品味。这是中国美学精神在老百姓日常生活中的体现。过去我们对这方面的材料不够重视。宗白华常说"中国人的美感"。上面提到的中国老百姓的美感世界，包括文人、艺术家的优雅、精致的美感世界，都属于中国人的美感，体现了中国美学的特点，这对中国文化产生了重要的影响。

中国古人在日常生活中的这种审美追求，从美学理论上看，说明了一个问

---

[1] 参见赵柏田：《南华录》，北京大学出版社2015年版，第188、246—247页。

题，即中国古人不仅重视视觉的审美和听觉的审美，而且也重视嗅觉的审美、味觉的审美、触觉的审美，特别是嗅觉的审美，即香的审美。美学史上有一些学者认为美感只限于耳、目这两种感官，而鼻、舌、皮肤等感官则不能产生美感。这可能是一种片面的观点。我们从中国古代看到，中国人很重视嗅觉、味觉的美感，而且围绕视觉、听觉、嗅觉、味觉的美感，在日常生活中营造一种诗意的氛围。这种氛围一方面引发生理性的快感，另一方面也引发精神性的愉悦，而且往往是多种感觉器官的美感的交会生发。这可以说是日常生活的审美化的一个特点。

明代艺术家祝允明说："身与事接而境生，境与身接而情生。"[1] "身与事接"是人生经历、人生过程，是生活世界，是生命体验。这种人生经历，形成了一种环境氛围，一种诗意氛围。这就是"境"的生成。同时，"境与身接而情生"，这就是美感的生成。"境"的生成，一要"事"，二要"身"，即亲身经历事件、事变，也就是王夫之一再说的"身之所历，目之所见"。中国人注重在生活中营造诗意的环境氛围，就是由"事"生"境"。我们注意到祝允明一再突出"身"这个概念，王夫之也强调"身"，而不简单地强调某一个感觉器官（视觉、听觉）。身之所历，是整体的人生经历、完整的人生体验，是多种感觉器官的美感的交会。

这么看来，中国古人这种营造诗意环境氛围的审美追求，是一种更趋近于完整的生命体验的艺术。这对于我们的当代艺术、当代美学可能有重要启发。

本文为作者在中国艺术研究院研究生院和中国美术馆演讲的一部分

---

[1] 祝允明：《送蔡子华还关中序》，《枝山文集》卷二。

万物之生意最可观：人与万物一体之美

中国美学在自然美的观赏上也有自己的特点，这个特点就是体现了一种强烈的生态意识。

中国传统哲学是"生"的哲学。《易传》说："天地之大德曰生。"又说："生生之谓易。"生，就是草木生长，就是创造生命。中国古代哲学家认为，天地以"生"为道，"生"是宇宙的根本规律。因此，"生"就是"仁"，"生"就是善。周敦颐说："天以阳生万物，以阴成万物。生，仁也；成，义也。"[1]程颐说："生之性便是仁。"[2]朱熹说："仁是天地之生气。""仁是生底意思。""只从生意上识仁。"[3]所以儒家主张的"仁"，不仅亲亲、爱人，而且要从亲亲、爱人推广到爱天地万物。因为人与天地万物一体，都属于一个大生命世界。孟子说："亲亲而仁民，仁民而爱物。"[4]张载说："民吾同胞，物吾与也。"[5]（世界上的民众都是我的亲兄弟，天地间的万物都是我的同伴。）

---

[1] 周敦颐：《通书·顺化》，《周子全书》。
[2] 程颐：《河南程氏遗书》卷十八。
[3] 朱熹：《朱子语类》第一册。
[4] 孟子：《孟子·尽心上》。
[5] 张载：《正蒙·乾称篇》。

程颐说:"人与天地一物也。"[1]又说:"仁者以天地万物为一体。""仁者浑然与万物同体。"[2]朱熹说:"天地万物本吾一体。"[3]这样的话很多。这些话都是说,人与万物是同类,是平等的,应该建立一种和谐的关系。

这就是中国传统文化中的生态哲学和生态伦理学的意识。

与这种生态哲学和生态伦理学的意识相关联,中国传统文化中也有一种生态美学的意识。

中国古代思想家认为,**自然界(包括人类)是一个大生命世界,天地万物都包含有活泼泼的生机和生意,这种生机和生意是最值得观赏的,人们在这种观赏中,体验到人与万物一体的境界,从而得到极大的精神愉悦**。程颢说:"万物之生意最可观。"[4]宋明理学家都喜欢观"万物之生意"。周敦颐喜欢"绿满窗前草不除"。别人问他为什么不除,他说:"与自家意思一般。"又说:"观天地生物气象。"周敦颐从窗前青草的生长体验到天地有一种"生意",这种"生意"是"我"与万物所共有的。这种体验给他一种快乐。程颢养鱼,时时观之,说:"欲观万物自得意。"他又有诗描述自己的快乐:"万物静观皆自得,四时佳兴与人同。""云淡风轻近午天,傍花随柳过前川。"他体验到人与万物的"生意",体验到人与大自然的和谐,"浑然与物同体",得到一种快乐。这是"仁者"的"乐"。

清代大画家郑板桥的一封家书充分地表达了中国传统文化的生态意识。郑板桥在信中说,天地生物,一蚁一虫,都心心爱念,这就是天之心。人应该"体天之心以为心"。所以他说他最反对"笼中养鸟"。"我图娱悦,彼在

---

[1] 程颐:《河南程氏遗书》卷十一。
[2] 程颐:《河南程氏遗书》卷二上。
[3] 朱熹:《四句章句集注·中庸章句》。
[4] 程颐:《河南程氏遗书》卷十一。

囚牢，何情何理，而必屈物之性以适吾性乎！"[1] 就是豺狼虎豹，人也没有权力杀戮。人与万物一体，因此人与万物是平等的，人不能把自己当做万物的主宰。这就是儒家的大仁爱观。儒家的仁爱，不仅爱人，而且爱物。用孟子的话来说就是"亲亲而仁民，仁民而爱物"。郑板桥接下去又说，真正爱鸟就要多种树，使之成为鸟国鸟家。早上起来，一片鸟叫声，鸟很快乐，人也很快乐，这就叫"各适其天"。所谓"各适其天"，就是万物都能够按照它们的自然本性获得生存。这样，作为和万物同类的人也就能得到真正的快乐，得到最大的美感。

我们可以说，郑板桥的这封家书，不仅包含了生态伦理学的观念，而且包含了生态美学的观念。

这种对天地万物"心心爱念"和观天地万物"生意"的生态意识，在中国古代文学艺术作品中有鲜明的体现。

中国古代画家最强调要表现天地万物的"生机"和"生意"。明代画家董其昌说，画家多长寿，原因就在他们"眼前无非生机"。宋代董逌在《广川画跋》中强调画家赋形出象必须"发于生意，得之自然"。明代画家祝允明说："或曰：'草木无情，岂有意乎？'不知天地间，物物有一种生意，造化之妙，勃如荡如，不可形容也。"所以清代王概的《画鱼诀》说："画鱼须活泼，得其游泳像。""悠然羡其乐，与人同意况。"中国画家从来不画死鱼、死鸟，中国画家画的花、鸟、虫、鱼都是活泼泼的、生意盎然的。中国画家的花鸟虫鱼的意象世界，是人与天地万物为一体的生命世界，体现了中国人的生态意识。

中国画家画的花鸟虫鱼的意象世界中，有一类草虫，在西方绘画中好像并

---

[1] 郑板桥：《郑板桥集·潍县署中与舍弟墨第二书》。

不多见。从历史记载看，至少唐五代画家就开始注意画草虫，如黄筌的《珍禽图》，有天牛、蚱蜢、蝉、金龟子、蜜蜂、细腰蜂、胡蜂等等。元人钱舜举的《草虫卷》，有蜻蜓、蝉、蝶、蜂等等。到了现代的齐白石，在草虫绘画方面达到了登峰造极的地步。齐白石画的蜻蜓、蝉、螳螂、蚂蚱、蜂、蟋蟀、蛐蛐、蝴蝶、飞蛾等，都有细致入微的细节刻画，充满质感，同时又有翻飞鸣跃的动感，充满生机和生意。他画的蜻蜓和蝉的翅膀透明如纱，他画的飞蛾的绒毛使人感到一碰就落。他说他"爱大地上一切活生生的生命"。他在很多画上题"草间偷活"，是他深感生命的珍贵。他经常画"灯蛾图"，并在上面题写唐代诗人张祜的诗句："剔开红焰救飞蛾。"齐白石画的草虫是人与万物一体之美，是中国画家对天地万物"心心爱念"的体现。

中国古代文学也是如此。陶渊明有首诗说："孟夏草木长，绕屋树扶疏。众鸟欣有托，吾亦爱吾庐。"这四句诗写出了天地万物各适其天、各得其所的祈求。唐宋诗词中处处显出花鸟树木与人一体的美感。如："泥融飞燕子，沙暖睡鸳鸯。"（杜甫）"山鸟山花吾友于。"（杜甫）"人鸟不相乱，见兽皆相亲。"（王维）"一松一竹真朋友，山鸟山花好兄弟。"（辛弃疾）有的诗歌充溢着对自然界的感恩之情，如杜甫《题桃树》："高秋总馈贫人实，来岁还舒满眼花。"就是说，自然界（这里是桃树）不仅供人以生命必需的食品、物品，而且给人以审美的享受。这是非常深刻的思想。清代大文学家蒲松龄的《聊斋志异》就是一部贯穿着人与天地万物一体意识的文学作品。《聊斋志异》的美，就是人与万物一体之美。《聊斋志异》的诗意，就是人与万物一体的诗意。在这部文学作品中，花草树木、鸟兽虫鱼都幻化成美丽的少女，并与人产生爱情。如《葛巾》篇中的葛巾，是紫牡丹幻化成美丽女郎，"宫装艳极"，"异香竟体"，"吹气如兰"，与"癖好牡丹"的洛阳人常大用结为夫妇。她的妹妹玉版是白牡丹幻化成的素衣美人，与常大用的弟弟结为夫妇。她们生下的儿子坠地生出牡丹二株，一紫一白，朵大如盘，数年，茂荫成丛。"移分他所，更变异种。""自此牡丹之盛，洛下无双焉。"又如《黄英》篇中的黄英，是菊花幻化成的"二十许绝世美人"，与"世好菊"的顺天人马子才结为夫妇。黄英的弟弟陶某，喜豪饮。马子才的友人曾生带来白酒与陶共饮，陶大醉卧地，化为菊，久之，根叶皆枯。黄英掐其梗埋盆中，日灌之，九月开花，闻之有酒香，名之"醉陶"，浇以酒则茂。再如《香玉篇》中的两位女郎，是崂山下清宫的牡丹和耐冬幻化而成，一名香玉，一名绛雪。她们成为在下清宫读书的黄生的爱人和朋友。牡丹和耐冬先后遭到灾祸，都得到黄生的救助。黄生死后，在白牡丹旁边长出一棵肥芽，有五片叶子，长到几尺高，但不开花。这是黄生的化身。后来老道士死了，他弟子不知爱惜，看它不开花，就把它砍掉了。结果，白牡丹和耐冬也跟着憔悴而死。**蒲松龄创造的这些意象世界，充满了对天地间一切生命的爱，表明人与万物都属于一个大生命世界，表明人与万物一体，生死与共，休戚相关。这就是现在人们所说的"生态美"，也就是"人与万物一体"之美。**

中国美学中的这种生态意识，极富现代意蕴，十分值得我们重视。

本文为作者在中国艺术研究院研究生院和中国美术馆演讲的一部分

提升人生境界，追求人生的神圣价值

中国传统文化的一个重要特点，就是非常重视人自身的教化和塑造，也就是要使人不断地从动物的状态中提升出来。儒家学者认为，人和动物最大的不同，就在于人有高级的、精神的需求，包括道德的需求、奉献的需求、审美的需求等等。这种精神的需求不同于物质功利的需求。它是对于物质功利需求的超越，是对于个体生命的感性存在的超越。

在中国古代思想家看来，哲学和美学的目标就在于引导人们重视精神生活，有一种高远的精神追求，从现实中寻求人生的终极意义和神圣价值，哲学和美学都要指向一种高远的精神境界。

中国美学认为，审美活动可以从多方面提高人的文化素质和文化品格，但审美活动对人生的意义最终归结起来是引导人们有一种高远的精神追求，提升人的人生境界。

人生境界的问题，是中国传统哲学十分重视的一个问题。冯友兰认为，人生境界的学说是中国传统哲学中最有价值的内容。

冯友兰说，从表面上看，世界上的人是共有一个世界，但实际上，每个人的世界并不相同，因为世界对每个人的意义并不相同。冯友兰举例说，二人同游一名山，其一是地质学家，他在此山中，看见的是某种地质构造；其一是历史学家，他在此山中，看见的是某些历史遗迹。因此，同样一座山，对这二人的意义是不同的。有许多事物，有些人视同瑰宝，有些人视同粪土。虽是同一个事物，但它对于每个人的意义，则可以有不同。所以说，每个人有自己的世界。也就是说，每个人有自己的境界。世界上没有两个人的境界是完全相同的。[1]

张世英用王阳明的"人心一点灵明"来说明"境界"，境界"就是一个人的灵明所照亮了的、他生活于其中的、有意义的世界。动物没有自己的世界"[2]。

简单来说，境界（人生境界、精神境界）是一个人的人生态度，它包括一个人的感情、欲望、志趣、爱好、向往、追求等等，是浓缩一个人的过去、现在、未来而形成的精神世界的整体。

境界是一种导向。一个人的境界对于他的生活和实践有一种指引的作用。一个人有什么样的境界，就意味着他会过什么样的生活。境界指引着一个人的各种社会行为的选择，包括他爱好的风格。一个只有低级境界的人必然过着低级趣味的生活，一个有着高远境界的人则过着诗意的生活。

每个人的境界不同，宇宙人生对于每个人的意义和价值也就不同。从表面看，大家共有一个世界，实际上，每个人的世界是不同的，每个人的人生是不同的，因为每个人的人生的意义和价值是不同的。所以我们可以说，一个人的境界就是一个人的人生的意义和价值。

一个人的精神境界，表现为他的内在的心理状态，中国古人称之为"胸襟""胸次""怀抱""胸怀"。一个人的精神境界，表现为他的外在的言

---

[1] 有关境界的论述，参见冯友兰：《新原人》，见《三松堂全集》第四卷，第471—477、496—509页。
[2] 张世英：《哲学导论》，北京大学出版社2002年版，第79页。

谈笑貌、举止态度，以至于表现为他的生活方式，中国古人称之为"气象""格局"。

"胸襟""气象""格局"，作为人的精神世界，好像是"虚"的，是看不见、摸不着的，实际上它是一种客观存在，是别人能够感觉到的。冯友兰说，他在北大当学生时，第一次到校长办公室去见蔡元培，一进去，就感觉到蔡先生有一种"光风霁月"的气象，而且满屋子都是这种气象。[1] 这说明，一个人的"气象"，别人是可以感觉到的。

一个人的人生可以分为三个层面。

第一个层面，是一个人的日常生活的层面，就是我们平常说的柴米油盐、衣食住行、送往迎来、婚丧嫁娶等"俗务"。人生的这个俗务的层面常常显得有些乏味，但这是人生一个不可缺少的层面。

第二个层面，是工作的层面、事业的层面。社会中的每一个人，为了维持自己和家庭的生活，必须有一份工作，有一个职业。用一种积极的说法就是人的一辈子应该做一番事业，要对社会有所贡献。所以，工作的层面从积极的意义上说也就是事业的层面，这是人生的一个核心的层面。

第三个层面，是审美的层面、诗意的层面。前两个层面是功利的层面，这个层面是超功利的层面。人的一生当然要做一番事业，但人生还应该有点诗意。人生不等于事业。除了事业之外，人生还应该有审美这个层面。审美活动尽管没有直接的功利性，但它是人生所必需的。没有审美活动，人就不是真正意义上的人，这样的人生是有缺憾的。

一个人的人生境界在人生的三个层面中都必然会得到体现。

一个人的日常生活，衣、食、住、行，包括一些生活细节，都能反映他的

---

[1] 冯友兰:《三松堂自序》，见《三松堂全集》第一卷，第271页。

精神境界，反映他的生存心态、生活风格和文化品味。巴尔扎克在一篇文章中引用过当时法国的两句谚语，一句是："一个人的灵魂，看他持手杖的姿势，便可以知晓。"一句是："请你讲话，走路，吃饭，穿衣，然后我就可以告诉你，你是什么人。"这些谚语都是说，一个人的精神境界必然会从他日常生活的一举一动中表现出来。

一个人的工作和事业，当然最能反映他的人生境界，最能反映他的胸襟和气象。我们可以举几个例子来说明这一点。

一个例子是冯友兰先生。

冯友兰在九十多岁的高龄时，依然在写他的《中国哲学史新编》。他对学生说，他现在眼睛不行了，想要翻书找新材料已经不可能了，但他还是要写书，他可以在已经掌握的材料中发现新问题，产生新理解。他说："我好像一条老黄牛，懒洋洋地卧在那里，把已经吃进胃里的草料，再吐出来，细嚼烂咽，不仅津津有味，而且其味无穷，其乐也无穷，古人所谓'乐道'，大概就是这个意思吧。"[1]冯友兰这里说的"乐道"，就是精神的追求，精神的愉悦，精神的享受，这是一种人生境界的体现。他又说："人类的文明好似一笼真火，几千年不灭地在燃烧。它为什么不灭呢？就是古往今来对于人类文明有所贡献的人，都是呕出心肝，用自己的心血脑汁作为燃料添加进去，才把这真火一代一代传下去。他为什么要呕出心肝？他是欲罢不能。这就像一条蚕，它既生而为蚕，就只有吐丝，'春蚕到死丝方尽'，它也是欲罢不能。"[2]冯友兰说的"欲罢不能"，就是对中华文化和人类文明的一种献身精神，就是对个体生命有限存在和有限意义的一种超越，就是对人生意义和人生价值的不懈追求。

---

[1] 据当时在场的学生的口述。

[2] 同上。

这是一种人生境界的体现。

再一个例子是朱光潜先生。

朱光潜在"文化大革命"中被当作"反动学术权威",受到批斗。但是,"文化大革命"结束后不到三年,朱光潜就连续翻译、整理出版了黑格尔《美学》两大卷三大册("文化大革命"前已出版了一卷)。黑格尔的《美学》涉及的西方文化艺术极其广泛,所以很难翻译。当年周恩来总理曾经说过,翻译黑格尔《美学》这样的书,只有朱光潜先生才能"胜任愉快",这是很有道理的。除了黑格尔的这三本书,他还翻译了歌德的《谈话录》和莱辛的《拉奥孔》,加起来一百二十万字。这时朱光潜已是八十岁的高龄了。这是何等惊人的生命力和创造力!这种生命力和创造力是和他的人生境界联系在一起的。朱先生去世时,我曾写了一篇文章悼念他,我在文章中举了我小时候看到的丰子恺的一幅画作为朱先生的写照。这幅画的画面上是一棵极大的树被拦腰砍断,但从树的四周抽出很多枝条,枝条上萌发出嫩芽。树旁站有一位小姑娘,正把这棵大树指给她的弟弟看。画的右上方题了一首诗:"大树被斩伐,生机并不息。春来怒抽条,气象何蓬勃!"丰子恺这幅画和这首诗不正是朱光潜的生命力、创造力和人生境界的极好写照吗?

再一个例子是过去苏联的一位昆虫学家柳比歇夫。

苏联作家格拉宁有一本写真人真事的传记小说《奇特的一生》,就是讲这位柳比歇夫的故事。这位昆虫学家最叫人吃惊的是他有超出常人一倍甚至几倍的生命力和创造力。他一生发表了70来部学术著作。他写了12,500张打印稿的论文和专著,内容涉及昆虫学、科学史、农业、遗传学、植物保护、进化论、哲学、无神论等学科。他在二十世纪三十年代跑遍了俄罗斯的欧洲部分,实地研究果树害虫、玉米害虫、黄鼠等等。他用业余时间研究地蚤的分类,收集了35箱地蚤标本，共13,000只，其中5,000只公地蚤做了器官切片。这是多么大的工作量！不仅如此，他学术兴趣之广泛，也令人吃惊。他研究古希腊罗马史、英国政治史，研究宗教，研究康德的哲学。他的研究达到了专业的程度。研究古希腊罗马史的专家找他讨论古希腊罗马史中的学术问题，外交部的官员也找他请教英国政治史的某些问题。他在一篇题为《多数和单数》的文章中，提出了关于其他星球上的生命的问题，发展理论的问题，天体生物学的问题，控制进化过程的规律的问题。柳比歇夫学术研究的领域这么广博，取得这么多的成果，并不表明他的物质生活条件十分优越。他一样要经历战争时代的苦难和政治运动的折磨。他一样要"花很多时间去跑商店，去排队买煤油和其他东西"。他也有应酬。照他自己的记录，1969年这一年，他"收到419封信（其中98封来自国外）。共写283封信。发出69件印刷品"。他的有些书信简直写成了专题论文和学术论文，普通的应酬在他那里变成了带有创造性的学术活动。在柳比歇夫的人生中，也没有忽略审美的层面。他和朋友讨论但丁的《神曲》，他写过关于果戈里、陀思妥耶夫斯基的论文，他在晚上经常去听音乐会。柳比歇夫超越了平常人认为无法超越的极限，使自己的生命力和创造力发挥到了惊人的地步。他享受生活的乐趣也比平常人多得多。

冯友兰和朱光潜以及柳比歇夫的例子十分典型。他们的人生是创造的人生，是五彩缤纷的人生。他们一生所做的事情要比普通人多得多。他们都是在他们最高的极限上生活着。他们就是美国心理学家马斯洛所说的"自我实现的人"。马斯洛说，"创造性"与"自我实现"是同义词，"创造性"与"充分的人性"也是同义词。[1] 自我实现就是"充分利用和开发天资、能力、潜能等

---

[1] [美]弗兰克·戈布尔：《第三思潮：马斯洛心理学》，吕明、陈红雯译，上海译文出版社1987年版，第28页。

等""这样的人几乎竭尽所能,使自己趋于完美""他们是一些已经走到,或者正在走向自己力所能及高度的人"。[1]

一个人的审美的层面当然也体现一个人的人生境界。一个人的审美趣味、审美追求,从他的艺术爱好,一直到他的穿着打扮,都体现一个人的审美观、价值观和人生追求。这里有健康和病态的区分,有高雅和恶俗的区分。如果他是一个艺术家,那么他的艺术作品,一定会体现他的人格,体现他的人生境界。中国美学从来认为,艺术作品的品格和艺术家的品格是统一的,诗品、书品、画品出于人品。所以中国古人极其重视艺术家的人品。

这里我们可以举一个最突出的例子,就是嵇康。嵇康有四句诗:"目送归鸿,手挥五弦。俯仰自得,游心太玄。"这四句诗历来被认为是至美的艺术境界,也是至美的人生境界。《世说新语》记载,嵇康身长七尺八寸,风姿特秀。当时人说他:"萧萧肃肃,爽朗清举",又说"肃肃如松下风,高而徐引",又说"龙章凤姿,天质自然"。山涛说:"嵇叔夜之为人也,岩岩若孤松之独立;其醉也,傀俄若玉山之将崩。"这是嵇康的风姿之美。嵇康更有审美的才情。他善书,韦续《墨薮》说:"嵇康书如抱琴半醉,酣歌高眠。又若众鸟时翔,群鸟乍散。"这是多么美的境界!嵇康书法的这种境界,正是嵇康本人的孤松独立、玉山将崩的风姿、风神的体现。嵇康更善琴。嵇康弹琴,和他的生命追求融为一体。景元四年(263)他被司马昭杀害,时年40岁。据记载,嵇康临刑东市,神气不变,顾视日影,索琴弹之,奏《广陵散》,曲终长叹说:"《广陵散》于今绝矣!"嵇康把音乐融入生命,把生命融入音乐,生命和音乐合二为一,升华为崇高的人格境界和审美境界。中世纪的基督教美学讲

---

[1] [美]马斯洛:《自我实现的人》,许金声、刘锋等译,生活·读书·新知三联书店1987年版,第4页。

美感的神圣性，他们讲的美感的神圣性指向上帝，中国文化史上也有美感的神圣性，中国文化史上的美感的神圣性指向崇高的人格，指向人生的神圣价值和终极意义。嵇康临刑弹琴奏出了他生命的华彩乐章，完成了他的诗意人生。嵇康的事迹告诉我们，**研究中国美学，不仅要关注艺术作品，而且要关注历史上如嵇康这样的艺术家的生存风格和生命华彩，他们用自己的崇高人格和生命创造了诗意的人生境界。**

现在我们回到开头。中国美学认为，美育、审美活动可以从多方面提高人的文化素质和文化品格，但最终归结起来，是引导人们有一种高远的精神追求，是提升人的人生境界。我们中国的古代思想家强调，一个人，包括青少年、中年人、老年人，不仅要注重增加自己的知识和技能，同时，或者说更重要的，还要注重拓宽自己的胸襟，涵养自己的气象，提升自己的人生境界，也就是要有一种更高的精神追求，要去追求一种更有意义、更有价值、更有情趣的人生，追求人生的神圣价值。

现在我们已进入二十一世纪，处于一个高科技的时代。我想说，在这个高科技的时代，我们依然要重视精神生活。德国哲学家鲁道夫·欧肯认为生命的高级阶段就是人的精神生活。这种精神生活来自宇宙，并分有宇宙的永恒活力，因此带有神圣性。这种精神生活使我们的人生具有意义。这种精神生活给我们的人生注入了一种无限的严肃性和神圣性。这种精神生活是内在的，又是超越的。一个有着高远的精神追求的人，必然相信世上有一种神圣的价值存在。他们追求人生的这种神圣价值，并且在自己的灵魂深处分享这种神圣性。正是这种信念和追求，使他们生发出无限的生命力和创造力，生发出对宇宙人生无限的爱。所以，中国哲学和中国美学关于人生境界的学说，在我们这个高科技时代依然对我们的人生具有重要的意义。

这里我要举一个大家都知道的科学家，就是史蒂芬·威廉·霍金。他21岁时被确诊为患上肌萎缩性侧索硬化症（渐冻症）。当时医生说他只能活两年，但是他74岁了依然活着，而且这么一个患着可怕疾病的人，居然在理论物理学上取得了伟大的成就。他创建了弯曲时空中的量子场论，发展了黑洞理论，写出了《时间简史》《果壳中的宇宙》等一系列非常有名的著作。霍金的肌肉功能持续萎缩，如今，他只剩下右眼珠勉强可以转动，每分钟只能表达一个字母，但他依旧在工作，依旧在进行研究，而且发表演讲，逛夜总会，通过声音合成器唱歌，还兴致勃勃和人打赌。他中秋节发微博，说月亮自古以来一直是人类的明灯，说中秋节要和自己的亲友一起赏月，而且一定要分享月饼，他特别强调月饼的口味很重要。总之，他尽力表示他是一个正常的人，他依然在热烈地、快乐地生活着，他依然在追求一种更有意义、更有价值、更有情趣的人生。前些时候我在报纸上看到一篇介绍霍金的文章[1]，文章说，"为了描述黑洞理论，霍金讲过一个故事，Bob 和 Alice 是一对情侣宇航员，在一次太空行走中，两人接近了一个黑洞。突然间，Alice 的助推器失控了，她被黑洞的引力吸引，飞向黑洞的边缘（视界）。由于越接近视界，速度越快，时间流逝得越慢，Bob 看到，Alice 缓缓地转过头来，朝着他微笑。那笑容又慢慢凝固，定格成一张照片。而 Alice 面临的却是另一番景象——在引力的作用下，她飞向黑洞的速度越来越快，最终被巨大的潮汐力（引力差）撕裂成基本粒子，消失在最深的黑暗中"。文章的作者说："这就是生死悖论。Alice 死了，可在 Bob 眼中，她永远活着"。文章作者说，有一次他对人讲起这段生死悖论，突然哽咽，他一下子明白了，"Alice 不是别人，正是霍金自己。他见过最深的黑暗，经历过最彻底的绝望，但依然怀有巨大的勇气。在万劫不复到来之前，他

---

[1] 路明：《当我们谈论霍金时》，《文汇报》2015年7月4日。

转过头来,用尽力气去微笑。那笑容,是他留给众生的无畏施"。"无畏施",是借用佛教的用语,就是说霍金给众生展现了一个不生不灭、带有永恒性的境界。我想这就是美的神圣性的境界。霍金的人生告诉我们,中国哲学和中国美学关于人生境界的学说,在我们这个高科技的时代,依然像康德说的我们头顶上的灿烂星空那样,放射着神圣的光芒。

本文为作者在中国艺术研究院研究生院和中国美术馆演讲的一部分

建设文化强国要注重精神的层面

现在全世界都看到，我们正在面临一种历史性的变化，我们很快就要进入一个全新的世界，中国以及其他一些发展中国家的经济力量正在上升。据高盛预测，到2027年，中国将超过美国成为世界最大的经济体，尽管那个时候中国依然处于向现代经济体转变过程中的相对初级阶段。到2050年，全世界最大的三个经济体将是中国、美国和印度，而英国和德国将分别居第九位和第十位。正像有的国外学者所说，这些经济预测惊心动魄，中国的崛起将会以其深远的方式改变整个世界的面貌。

经济的发展当然是我们关注的主题，但同时还要关注我们的经济力量、政治力量如何转化为文化力量，我们对国际社会的经济影响、政治影响如何转化为文化影响。也就是说，我们同时要关注如何在文化上影响世界。所以我今天想谈一谈建设文化强国要注重精神的层面，中国在文化上要影响世界，其核心是在精神的层面上影响世界。下面，我谈七点。

一、整个社会要有更高的文明素质和精神追求

大家都知道，中共十七大报告在谈到小康社会的建设目标时提出，要使我

们国家成为一个具有更高的文明素质和精神追求的国家,后来十八大报告又继续重复了这个提法。我个人认为,把更高的精神追求作为全面建设小康社会的一个目标、一个标志,具有极为深刻和深远的意义。这意味着全面建设小康社会要改造和提升我们的国民性,要重新铸造我们的民族精神。大家都知道国民性的问题,当年是鲁迅提出来的,二十世纪五十年代以后我们不怎么提了。我认为这个问题今天依然具有现实性和紧迫性,大家看一看我们社会的状况就知道,非常现实、非常紧迫。一个国家的物质生产上去了,物质生活富裕了,如果没有高远的精神追求,那么经济发展和社会发展最终会受到限制,这个国家就不可能有远大的前途,天长日久还会出现人心的危机,那是十分危险的。

二、中国人要使自己受到国际社会的尊重

中国的经济发展了,中国人逐渐富裕了,有少数人甚至一夜之间暴富,但文明的素质并不能一夜提高。我们现在可以看到社会上少数人拼命地炫富,抢购高档的轿车、珠宝等奢侈品,中国现在成了全世界最大的奢侈品进口国,有些人甚至抢购私人飞机、游艇等等。但是,我认为这样一种形象并不能赢得国际社会的尊重。大家都知道现在到全世界旅游的人中,中国人最多,但有的游客往往给人家带来很不好的印象。我想起冯友兰先生的一篇文章,他说他个人不喜欢看按照《红楼梦》改编的戏曲,说你看在小说里头,即便是贾宝玉最不喜欢的粗使丫头、老妈子,即便是最鄙俗的人,小说也写得"俗得很雅"。等到把小说里的人物搬上舞台,最雅的人我们看着也觉得"雅得很俗"。我看了冯先生的话后,觉得现在一些电视剧里的角色也使人感到"雅得很俗"。现在我们生活里面有的人也使人感到"雅得很俗",或者说"富得很俗"。有钱

了、富了,坐上最豪华的轿车,全身戴上最昂贵的珠宝,仍然是很俗气,仍然不能赢得国际社会的尊重。

建设文化强国,我们要通过学校教育、新闻媒体、文化艺术作品,营造一种健康的社会文化环境。一个是要营造一种很好的校园文化环境,我一直认为一所大学最重要的是要有很浓厚的文化氛围、艺术氛围和学术氛围,在这样环境中出来的学生自然就不一样了。除此之外,同样重要的是整个社会的文化氛围,我们要营造一种健康的、向上的社会文化氛围,这种文化氛围能够使人变得越来越高雅,越来越有教养,而不是使人变得越来越低俗。我觉得现在我们的文化环境有些地方不是很好,有些媒体喜欢传播一些骂人的话,谁骂得厉害好像谁就最了不起。有的电视媒体,也在传播一些视觉上很低俗的东西。如果我们的青少年从小就接受这样一些东西的熏陶,对我们民族的未来极其有害。中华民族的伟大复兴,怎么能搞那些低俗的东西!如果那样的话,我们怎么能够复兴呢!

三、要注重艺术与高科技的融合

很多人都意识到我们已经进入一个创意的时代,但怎么才能实现创意?我们看到现在全国很多城市都有创意园区,但是那里真正有创意的企业和产品并不多,往往盖几个五星级的酒店就是创意园区了。这个不是创意。怎么才能真正实现创意,这个问题我们并不清楚,或者多数人并不清楚。

前不久去世的苹果公司的创始人乔布斯给了我们一个很重要的启示。在乔布斯去世前半个月,美国《福布斯》双周刊的网站发布了一篇文章,这篇文章的题目是《乔布斯可以教给我们的十条经验》。文章中说现在很多人都是很有名的人，去世以后我们才来纪念他，但最好不要等他去世，在他活着的时候我们就来讨论讨论他带给我们什么经验。这十条经验中第一条就是：最永久的发明创造都是艺术和科学的嫁接。用乔布斯自己的话说，苹果和其他的计算机公司最大的区别就在于，苹果一直在设法嫁接艺术和高科技。乔布斯的研究团队拥有人类学、艺术、历史和诗歌等学科的研究人才。这对我们非常有启发。乔布斯留给我们最宝贵的经验，就是艺术和科学融合，艺术和高科技嫁接，这是创意的灵魂。再扩大一点讲，艺术和高科技的融合，乃是这个创意时代的灵魂。

这个思想其实钱学森先生和季羡林先生晚年也一再对我们提示过。钱先生晚年一直重复讲一个思想，他是这么说的：我现在年纪大了，小问题我不去考虑了，我就考虑大问题，就是怎么培养杰出人才的问题，怎么创建世界一流大学的问题。怎么培养杰出人才呢？钱先生就讲了一点，他说根据历史的经验，也根据他个人的经验，我们的大学必须实行科学和艺术的结合。他是搞火箭的，他没有讲火箭这些东西，而是说我们的大学必须实现科学和艺术的结合，这个太重要了！钱先生去世以后，大家都在讨论一个问题叫"钱学森之问"，钱学森说为什么我们这么多年很少培养出很杰出的人才呢？大家都在讨论，开会讨论，写文章讨论，但这个问题其实钱先生自己已经做了回答，或者至少从一个侧面做了回答，就是科学和艺术的结合。我认为这不是一个局部性的问题，在这个创意的时代，它具有普遍性的意义，不仅应该成为教育事业、人才培养和人才使用的指导原则，而且也应该成为一切文化事业、文化产业和高科技产业的指导原则。我们要站在战略的高度来看待这个问题。

四、要高度重视文化产品的人文内涵和人文导向

大家都知道从生产来说，文化产品不仅有技术的问题，更重要的还有内容的问题。比如说我们的电影、电视，有了高清技术、3D 技术，但如果没有好内容、没有好作品，那还是空的。现阶段我们国家文化产品的内容生产和内容出口都非常薄弱，面向当代、面向国际的原创力不足，还不能和日本、美国这些文化产业的强国竞争。在这种形势下，我们应当确定一个内容战略，把文化产业的内容建设提到一个战略的高度。

从社会功能来说，文化产品不仅有娱乐、消遣的功能，更重要的还有一个提升人的精神境界、发展完满的人性的功能。现在有一种说法，说我们的文化艺术产品只要让大家高兴就行了，笑一笑就行了，我不太赞成。让大家高兴当然也好，但仅仅如此我认为是不够的，它应该提升人的精神境界，发展完满的人性。

我刚才提到的冯友兰先生，他说中国传统哲学里面，最有价值的理论是关于人生境界的理论，我非常赞同他的看法。冯先生说，从表面上看，我们所有的人都处于同一个世界，但其实每个人的世界是不一样的，因为这个世界和世界上的事物对每个人的意义是不一样的。每个人的世界是不一样的，也就是说每个人的境界是不一样的，世界上没有两个人的境界是相同的。

我们的文化产品不能只是让大家笑一笑，还得要发展完满的人性，提升人的精神境界，应该体现一种文化精神，要引导广大群众，特别是我们的青少年有一种更高的精神追求。文化事业和文化产业都不能脱离文化精神，即使是商业片也不能只追求票房，不能不讲求人文内涵。因为文化产品和物质产品不同，它是精神产品，不能不考虑文化精神。

实施内容战略,也许可以从三个方面入手:第一,传统文化的现代化,就是传承和创新;第二,当代艺术的经典化,就是扎根和提升;第三,高雅文化的大众化,就是融入当代的趣味。

五、要使中国文化为国际社会了解、认同、向往

我们要使国际社会了解我们的文化,进一步认同、向往我们的文化,增强我们文化的吸引力,这种文化的吸引力就是我们经常讲的文化的软实力。比较起来,国际社会对中国文化还很陌生,不了解,不理解,还有很多误解。西方还有人拼命地吹捧某些表现中国人的愚昧、变态、血腥、乱伦的电影和美术作品,认为那才是真实的中国形象。北大有一个老师有一年在美国访问,当时正在上映一部表现中国乱伦的电影,一些美国的学生就买了很多电影票送给中国的学生,说你们快去看,这部中国片太深刻了。他们认为这是把中国的真实形象表现出来了。我们应该通过各种渠道向国际社会传播中国真正的文化、哲学、艺术,我们不是说中国的历史和文化中没有不好的东西,没有负面的东西,当然有,但那确实不是主流。我们要使国际社会了解,自古以来中国人尊重自然、热爱生命、祈求和平、盼望富足、优雅大度、开放包容、生生不息、美善相乐,这才是真正的中国。孔子说过,一个国家建设得好,应该使你的近邻欢乐,也应该使远方的人仰慕你的文化,到你这里来观摩学习,这就是"近者悦、远者来"。大唐盛世就是如此。当时的长安城成了最繁华的国际大都会,从世界各地来的外交使节、商人、留学生挤满了长安。长安的鸿胪寺接待了七十多个国家的外交使节,日本曾经先后向唐朝派遣过十多次遣唐使,包括留学生、僧人与各种类型的专业人士和工匠,每次人数几百人,最多时达到七八百人。我相信二十一世纪中国文化一定会重新焕发出这种"近者悦、远者来"的魅力和吸引力。

六、要照亮中国当代的文化大家和文化经典

华夏文明的传承和创新,应该产生一批有世界影响力的文化大家、艺术大家和文化经典、艺术经典。现在国际上有些文化人士反映,他们对中国的古典文化还多少有点了解,孔子、老子、《红楼梦》这些他们都知道一点,但不了解中国当代有什么文化和艺术的经典。实际上在当代,我们的文化界、学术界、艺术界,都有一些学者、艺术家长期埋头研究和创作,他们脚踏祖国的大地,从几千年的中华文明中吸取营养。我这几年就认识了这样一些艺术家。有的画家,这几年每年都长期在大西北几千米的高原上行走着,去感受和体验中国历史脉搏的跳动。他们在那里看到的一些风景,我们平时在大城市里看不见。他们在那里看中国的历史、中国的大地,有一种比我们平常人更深的感受和体验。我觉得在他们中间,正在产生或者已经产生当代的文化经典和艺术经典,他们正在成为或者已经成为当代的文化大家和艺术大家。在他们中间还可能会产生一方面继承中华文明传统,另一方面反映二十一世纪时代精神的新的学派。

我觉得进入二十一世纪,我们在一些学科领域应该创建新的学派,继承中国的文化传统,同时又回应时代的要求。没有新的学派就没有真正的百家争鸣,就不可能有真正的学术的原创力。我们现在有这种需求,同时也有了这种条件,这是时代的呼唤。问题在于,我们要善于发现这些正在产生或已经产生的文化经典、艺术经典和当代的文化大家、艺术大家,要把他们照亮,使他们

得到足够的重视，使国内广大群众知道他们，而且要放在庄重的国家舞台上，向国际社会展示，让世界知道他们。我认为这个问题很重要，这涉及塑造中国当代的国家文化形象的问题，不能仅仅依靠几个功夫明星，还有广告明星，他们不足以代表我们的国家文化形象。

七、要推动中国传统文化精神在当代的复兴

中华文明的传承和创新，一个重要方面就是要推动中国传统文化精神在当代的复兴。在这个方面，我想谈三点看法：

第一，我们要重视学习和继承中国的文化经典。经典是每个时代人类最高智慧和最高美感的结晶，比如说《老子》《论语》《牡丹亭》《红楼梦》等。这个非常重要。我们要在全社会提倡尊重经典，要引导青少年学习经典，熟悉经典。我们不反对快餐文化、流行艺术，但是我们反对用快餐文化和流行艺术来排挤经典。我们也要反对解构经典、糟蹋经典，把经典荒谬化。经典的作用不可替代，经典的地位不可动摇。这几年我经常引用一句话，源自梅林《马克思传》中的一段话，梅林说马克思自己的著作是反映整个时代精神的，马克思所欣赏的那些经典作家的作品也是反映整个时代精神的。他说马克思每年都要把古希腊那些他喜欢的作家的作品重新读一遍。梅林最后引用了拉法格的一句话，说马克思非常尊重经典，而他"恨不得把那些教唆工人远离文化经典的卑鄙小人挥鞭赶出学术的殿堂"。我觉得这句话非常重要，这是马克思主义经典作家给我们留下的一个学术的原则、一个学术的传统，也是一种思想原则和思想传统。我们要尊重经典，一定要让青少年、大学生来学习经典、熟悉经典，从经典里面汲取人类文化的最高智慧。

第二，我们要从中国传统文化中获得回应当今时代问题的启示和方法。当今人类所面临的问题，有的是亘古不变的，有的是这个时代所特有的，其中有许多问题可以从中国传统文化中得到一种启示和方法。举个例子说，近几十年以来人类科学技术的发展，逐渐超出了人类文明把握的能力，物质生活和精神生活失衡的状态加剧，超量信息的刺激和心灵的迷失互为因果，成为一个社会问题。在这个时候，人们回头去就会看到中国传统文化一贯强调道对技的引领作用。中国古人对技术和技艺的精益求精的追求，总是要超出技术本身，而归于道的层面。这就意味着任何技术的发展都不能忽视它对于人类生活、生命、精神、心智的整体效应。中国道家思想对于技术的反思，已经达到今人不能企及的高度。在这些方面，面对时代所提出的严峻课题，中国传统文化给了我们极为有益的启示。

第三，我们要把中国传统文化的精神融入当代的生活。这个不是说我们要在表面上、形式上去复古，不是去穿古装、行古礼，而是要把中国优秀传统文化的精神，就是前面提到的尊重自然、热爱生命、祈求和平、盼望富足、优雅大度、开放包容、生生不息、美善相乐的精神，融入当代的生活，使老百姓过一种既享受高科技的成果，又有高远的境界和优雅品味的生活。

我赞同国外有的学者的预测，二十一世纪中国的崛起将会以影响极其深远的方式改变整个世界的面貌。我也赞成国外有的学者的看法，就是那种认为中国对世界的影响主要体现在经济方面的观点，已经有些过时了。在历史上中国人的智慧和美感对世界产生过极其深刻的影响，中华文明对人类文明有重大贡献。四大发明不说了，有伊朗血统的一位法国学者阿里·玛扎海里写了一本书《丝绸之路——中国-波斯文化交流史》，季羡林先生曾经推荐过这本著作。在这部书里，作者详细介绍了中国的谷子、高粱、樟脑、肉桂、姜黄、生姜、水稻、麝香、大黄的栽培史，以及这些谷物怎么通过波斯传到西方的过程。作者认为罗马人使用的杆秤以及由此发展起来的衡具起源于中国，冶炼术也起源于中国，后来经过丝绸之路传到西方。他还举了一个很有趣的小例子，就是郁金香。大家知道郁金香产在荷兰，他告诉我们实际上郁金香是一种中国花，十五世纪末移植到伊斯坦布尔，荷兰人在那里发现了它，然后把它移植到自己的国家。所以在十五世纪波斯流传着一句话，说"希腊人只有一只眼睛，唯有中国人才有两只眼睛"，波斯的国王哈桑就向威尼斯的使节巴尔巴罗提到过这句谚语，因为当时的波斯人认为希腊人仅仅懂得理论，是中国人发明了大部分的专门的艺术和技术。

我相信，二十一世纪中国对世界的影响，更深刻、更深远的将是中国文化的影响，特别是精神层面的影响。

【附：本次讲座关于数字化时代的美学的问答】

提问：我读过您的《美学原理》，您讲到中国美学的意境，讲到艺术作品引发一种人生感、历史感、宇宙感。在二十一世纪，在数字化的冲击之下，这种意境如何在设计、器物、环境等方面延续？很多人认为，今天中国的文化和世界上的文化没有关系，怎样让全世界的人在新的生活方式下重新看到中国的文化？

叶朗：我们刚才讲了中国艺术的特点，宗白华先生认为中国的艺术是一种灵的空间，最重视精神的层面，我非常赞同。我今天讲的就是我们建设文化强国要注重精神的层面。我现在讲美学也特别强调心灵的创造，这里面有三个核心概念：一个是意象，一个是感兴，一个是人生境界。这个理论框架最大的特点就是重视心灵的创造，或者说恢复心灵在艺术创造中的作用。

所有的艺术作品都显现一种人生的感受，而有的艺术作品呈现的不仅是对个别事件、个别人物的感受，而是上升到对整个人生的感受，是一种形而上的感受。这就是意境。在这个数字化的时代、高科技的时代，我们依然需要一种对整个人生的感受，对宇宙整体的感受。我们的心灵还是要追求一种高尚的精神生活和心灵境界，我们的艺术包括工业设计、文化创意产品、日常用的产品也需要一种高尚的精神追求和心灵追求。我刚才讲了，我们要过一种既享受高科技成果同时又有一种高尚心灵境界和精神追求的生活，这才是我们理想的生活。不能光有高科技，而没有精神上的追求。所以意境也好，人生境界也好，精神的高尚追求依然是时代所需要的。我们现在这个时代最大的问题是精神生活和物质生活失去平衡。我想起了黑格尔，他在十九世纪初有一个演讲，一开始就说他那个时代现实上很高的利益和为了这些利益而作的斗争，使得人们没有自由的心情去理会那较高的内心生活和较纯洁的精神活动，以致许多较优秀的人才都为这种环境所束缚，并且被牺牲在里面。黑格尔说的十九世纪初这种情况在二十一世纪重新出现了，而且更严重了。所以我一直在强调，在物质的、功利的、技术的统治下拯救精神是我们时代的要求、时代的呼唤。所以现在艺术要回应这个时代的呼唤，要更重视高尚心灵的追求！

本文为作者在中国美术学院的讲演，原载《新美术》2013年第11期，原题为《建设文化强国，我们要注重精神的层面》

谈谈人文教养与人文学科

最近，国家教委提出要在高等学校加强文化素质教育，特别是要加强人文教育。我认为，这个决策十分正确、十分及时。加强高等学校的人文教育，这是时代的迫切需要，是现代化建设的迫切需要，是塑造民族精神、复兴中华文化的迫切需要。

下面我就人文教养和大学教育的关系问题，以及与此相联系的人文学科的地位和作用的问题，谈一点粗浅的看法。

一、人文教养

1. 现在很多人（包括很多学生和学生家长）都把大学教育看成是一种单纯的职业教育。上大学，就是学一门专业，掌握一门技能，毕业后能找到一个好的工作（工资高，待遇好）。

这种观念由来已久，已经成为社会上一种很普遍的观念。

据中国台湾学者说，中国台湾地区也是这样："台湾地区的大学教育已成为高等职业训练所，大学各学科的重要性也以其在就业市场所能创造的价格来规定。"一切以市场价格来衡量，因而人文思想、人生意义、先哲智慧都被冷落。"使台湾地区成为经济富裕、文化贫穷、思想干涸的社会。"[1]

这并不符合西方传统的关于大学教育的观念。按照西方传统的观念，大学不是职业培训中心。大学教育不等于职业教育。大学教育的目标不能只限于给学生一种职业训练，而是要培养具有较高文化素质和文化品格的全面发展的人。因此，大学教育不仅要注重专业教育（科学技术教育），而且要注重文化素质和文化品格的教育（人文教养）。

2. 西方传统的大学教育的观念源于古罗马。古罗马的人文教育，就是用人文学科对公民（自由民）进行教化。当时的人文学科包括自然科学，即文法、修辞学、辩证法、音乐、算术、几何学、天文学，称之为"七艺"（七种自由的艺术），和中国古代的"六艺"（礼、乐、射、御、书、数）很相似。"七艺"的目的不是给学生一种职业训练或专业训练，而是通过几种基本知识和技能，培养一种身心全面发展的理想的人格，或者说发展一种丰富的健康的人性。

3. 到了近代，西方古典人文教育被职业教育所取代。在大学教育中，只看重知识的灌输、技能的训练，而忽视心灵的教化和人格的培养，古典课程和人文课程受歧视、受排挤。人的创造性、想象力被压抑，人的同情心、道德感、审美感得不到启迪。学生被当作要加工的零件，经过加工，成为大工业生产所需要的标准型的专门人才，从而可以在大工业生产的流水线上获得一个职位。这样的大学教育，它所根据的基本理念是实证主义、唯科学主义、"工具理性"——教育完全成为经济发展的工具，而不再注重引导青年去寻求人生的价值和意义。

4. 十九世纪末和整个二十世纪，由于物质和精神的失衡而造成的人类文

---

[1] 以上所引为台湾大学哲学系林火旺教授的话。

明的危机日益显露,所以这种以实证主义、唯科学主义为根据的大学教育的观念不断受到一些哲学家、教育学家和心理学家的批判。例如像伏尔泰、文德尔班、李凯尔特、胡塞尔、海德格尔、雅斯贝尔斯、伽达默尔这样一些著名的哲学家,又例如像"文化教育学""教育人类学""文化心理学""人本心理学"这样一些教育学和心理学的流派,他们都强调人不仅是一种自然的、物质性的、生物性的存在,而且是一种社会性、文化性、精神性的存在,强调人类历史中有文化性、精神性、价值性的因素,强调人的理想和抱负,强调人的终极关怀和价值。这种人文主义哲学、教育学、心理学流派的影响在二十世纪六十年代之后日益增大。与此同时,科学技术本身的发展也日益向世人表明,科学技术如果丧失了人文价值和人文目标,不仅会危及人类的精神生活,而且也会危及科学、技术本身的发展,危及经济的发展,甚至有可能从根本上危及人类的生存。所有这些,都促使人们重新反省那种以实证主义、唯科学主义、"工具理性"为根据的大学教育的观念。

5. 在人类即将跨入二十一世纪的时候,人类文明的危机越来越严重。这种危机的一个突出表现就是人的物质生活与精神生活的严重失衡。在世界的各个地区,似乎都有一个共同的倾向:重物质,轻精神;重经济,轻文化。发达国家已经实现了经济的现代化,人们的物质生活比较富裕,但是人们的精神生活却越来越空虚。与此相联系的社会问题,如吸毒、犯罪、艾滋病、环境污染等问题日益严重。发展中国家把现代化作为自己的目标,正在致力于科学振兴和经济振兴,人们重视技术、经济、贸易、利润、金钱,而不重视文化、道德、审美,不重视人的精神生活。总之,无论是发达国家还是发展中国家,都面临着一种危机和隐患:物质的、技术的、功利的追求在社会生活中占据了压倒一切的统治地位,而精神的生活和精神的追求则被忽视、被冷淡、被挤压、被驱赶。这样发展下去，人就有可能成为西方有的思想家所说的那种"单面人"，成为没有精神生活和情感生活的单纯的技术性的动物和功利性的动物。因此，从物质的、技术的、功利的统治下拯救精神，就成了时代的要求、时代的呼声。

6. 我们中国同样存在着这个问题。中国是发展中国家，举国上下，正在勤力同心，为经济的振兴和国家的现代化而奋斗。但在实现现代化的过程中，也出现了重物质而轻精神、重经济而轻文化的现象。一些家庭的父母不送子女上学，而是让子女去做小买卖，把子女当赚钱的工具。在许多大中城市，书店被吞噬的速度不断加快，不少书店被拆除，或被改成服装商店和电器商店。一些出版社大量出版格调很低、粗劣不堪的图书，却拒绝出版有价值的学术著作。有些地区有钱购买进口小轿车，却拖欠中小学教师的工资。与这种轻视文化、轻视精神的倾向相联系的是整个社会的人文教育十分薄弱。中小学缺乏最基本的人生教育，以致现在一些青年人不知怎么做人，甚至连起码的礼貌也不懂。学校里数、理、化压倒一切。书店里的青少年读物也都是数、理、化和外语的复习参考书，人文教养方面的书籍很难找到。在这样的环境中成长起来的青少年，他们的性格必然是片面的、不健康的。现在学生中出现的一些现象，例如价值的失落、对未来的迷茫和困惑、极端利己主义的人生态度等，显然和学校缺乏人文教养是有关系的。现实生活中的种种现象已经给我们敲响了警钟。

7. 但是，很多人看不到这一点。在很多人心目中，搞现代化建设，一是要有资金，二是要有技术，别的都是次要的。他们不了解，现代化建设归根到底是靠人。他们见物（钱）不见人。他们也讲人才，但人才问题也被归结为掌握技术的问题。他们没有看到，人才首先有一个文化素质和文化品格的问题，也就是有一个教养的问题。他们也没有看到，人文教养会深刻地影响到一个社会的治、乱、兴、衰，而且通过塑造一个民族的文化品格、文化精神，对这个民族的发展产生深远的影响。现在社会上的很多弊病，不都是因为人的素质太差（缺乏教养）引起的吗？很多事没有办好，并不是因为办事的人缺乏科学技术知识，而是因为办事的人文化素质和文化品格太差。社会上出现了一些消极现象，例如拜金主义和享乐主义的风气在一些人中间蔓延；例如在一些地区一再出现制造假药、假良种、假农药的事件；例如歹徒在光天化日之下行凶，许多人围观，却没有人出面制止；例如一个小孩落水了，船上的人首先要给人钱，钱不够数就不下水救人，看着小孩淹死；等等。这些不是因为他们缺乏科学技术知识，而是因为他们缺乏人文教养。现在很多文章强调加强法制教育，加强法制教育当然很重要，但是如果没有人文教养作为基础，法制教育也很难奏效。天津大邱庄禹作敏的事件发生后，一些人写文章说，这件事给我们的教训是只抓经济不行，还要抓法制教育。其实禹作敏的问题根本不是因为缺乏法律知识，而是他没有文化，缺乏最起码的人文教养。一个人难道要学了法律条文才知道不能杀人吗？从禹作敏引出的教训是：一个没有文化的人，一个缺乏人文教养的人，一个文化素质、文化品格极差的人，绝不可能成为改革开放的英雄和模范。进一步我们还可以引出一个更带普遍性的教训，那就是：如果我们不努力提高全民族的文化素质和文化品格，要想取得现代化建设的成功是极其困难的。现在人们常说，能源、交通是现代化建设的"瓶颈"。这当然是对的。但是，我认为从长远看，影响现代化建设的最大的"瓶颈"是国民的文化素质和文化品格，应该引起全社会的足够重视。

8. 世界范围内这种因为物质生活和精神生活的失衡而引起的人类文明的危机，以及我们中国现代化过程中因为忽视人文教养而产生的种种负面现象，都告诉我们：那种以实证主义、唯科学主义为根据的大学教育的观念，那种把大学教育单纯作为职业教育的观念，确实应该改变，刻不容缓。如果我们大学培养出来的人，只学会一门专业知识，或者只掌握一门技艺，不懂哲学，不懂文学，不懂历史，不讲礼貌，不讲道德，不讲奉献，专门利己，毫不利人，心胸狭窄，趣味庸俗，除了快快发财，不知人生还有什么价值和意义，那我们的社会会是一种什么样的情景，不是可以想见的吗？一个国家的青少年都是这种素质和品格，这个国家能够建设成为文明、进步、繁荣、富强的社会主义国家吗？举个人所共知的例子，我国有一名物理专业的学生到美国读博士，他的专业成绩很优秀，但是后来因为他的博士论文没有获奖，而是另一位中国学生获奖了，同时他没有被留下做博士后而是那位获奖学生留下做博士后，于是这个学生的精神陷于崩溃，就用手枪把那位竞争对手打死了，把指导教授、系主任和其他几位教授都打死了，最后自杀了。这件事已过去好几年，但是这件事究竟给我们什么教训并没有认真总结。我认为，这件事给我们最重要的教训，就是说明长期以来占统治地位的"重科技、轻人文""重专业、轻教养"的教育观念和教育模式今天应该下决心加以改变了。听说最近日本的教育界正在讨论奥姆真理教事件的教训。奥姆真理教的一些骨干分子，即那些制造毒气的人，都是大学理工科毕业生，他们懂科学，有技术，但他们是一群丧失理智和良心的疯子。标榜科学的现代大学竟然培养出这样一群以科技手段杀害大批老百姓的疯子，这还不值得反思吗？

9. 以上围绕人文教养和大学教育的关系，我谈了一些看法。我的基本论点是：长期以来占统治地位的那种把大学教育等同于职业教育，"重科技、轻人文""重专业、轻教养"的教育观念和教育模式，我们在今天必须下决心加以改变。这是时代的要求。

下面我想对于如何看待中国传统文化的问题谈一点看法，因为这个问题和我们讨论的人文教养的问题有关。

10. 如何看待中国传统文化，前一段时间报刊上有不同的意见。主张弘扬中国传统文化的人往往罗列中国传统文化的一大堆优点，反对弘扬中国传统文化的人也往往罗列中国传统文化的一大堆毛病。我认为对于这个问题不能泛泛地、抽象地谈。我们对于任何问题，都要把它放到具体的历史条件下来讨论。我认为，中国传统文化的一个最重要的特点，就是重视人文精神和人文教养，重视人自身的教化和塑造。也就是要使人不断从动物的状态中提升出来，进入到一种高的境界、精神的境界。儒家学者经常讨论的一个问题就是人和动物不同的地方（"人之所以异于禽兽者"）究竟在哪里。在儒家学者看来，人和动物最大的不同，就在于人有高级的、精神的需求，包括道德的需求、奉献的需求、审美的需求等。这种精神的需求不同于物质功利的需求，它是对于物质功利需求的超越，是对于个体生命的感性存在的超越。可以说，中国传统文化是一种以礼乐精神为核心的重视人文教养的文化。而这种人文教养的目的，则是塑造一种高尚的人格，追求一种理想的人生境界。

我认为，中国文化这种重视人文精神、人文教养的传统，对于今天社会转型时期的价值体系的建设和民族精神的塑造，是十分重要的。一个国家、一个民族，不能只有经济和物质的追求，还应该有精神和价值的追求。这对于一个民族增强自己的生命力、创造力、凝聚力，对于一个社会的稳定和发展，都是至关紧要的。不同时代弘扬传统文化，必然有不同的侧重点。我们今天弘扬传统文化的侧重点，我想就在这里。

二、人文学科

1. 和忽视人文教养相联系的一个问题是社会上轻视人文学科的风气,"重科技、轻人文"的倾向,在这几年越来越严重。一些人不加分析地批评人文学科"老化""脱离实际""培养出来的人没有用"。他们要求人文学科尽量技术化、数量化、实用化,他们要求把人文学科完全变为应用学科。在他们看来,这就是文科改革的道路。他们认为,只有这样"改革",文科才能从"无用"变为"有用"。轻视文科的另一个表现是文科的经费与理工科经费的比例严重失调。有的主管部门计划给基础学科的研究人员一些补贴,但是只给理科,不给文科。有的主管部门的干部在审核211工程的计划时看到其中有文科建设的预算,竟然问:"为什么文科还要花钱?"在这些干部心目中只有科技,文科根本没有地位。

这种倾向是十分危险的。人文学科关系到一个社会的价值导向和人文导向,关系到一个民族的民族精神的塑造。国际上的一些知名学者早就发出警告:如果忽视或者轻视人文学科,必然导致整个民族精神水平的下降,必然导致整个社会的庸俗化。正确认识人文学科在大学教育以及整个现代化事业中的地位和作用,仍然是我们需要认真对待的一个严肃、重大的课题。

2. 首先我们谈一谈什么是人文学科。《大英百科全书》对人文学科做了如下的界定:"人文学科是那些既非自然科学也非社会科学的学科的总和。一般人认为人文学科构成一种独特的知识,即关于人类价值和精神表现的人文主义的学科。""人文学科包括如下研究范畴:现代与古典语言、语言学、文学、历史学、哲学、考古学、艺术史、艺术批评、艺术理论、艺术实践等等。"照这个界定,人文学科包括哲学、语言学、文学艺术、历史学、考古学、文化学、心理学、宗教学等学科。

3. 人文学科的研究对象是人文世界,也就是人的精神世界(内在的)和文化世界(外在的)。人的精神世界和文化世界是统一的。从内容来说,人的精神世界和文化世界就是意义世界和价值世界。[1]人文世界的精神性、意义性、价值性决定了人文学科区别于社会科学(政治学、经济学、法学、社会学、管理学等)的独特性质。[2]

4. 人文学科与回答"是什么"的客观陈述(科学)不同,它要回答"应当是什么",也就是它要包含价值导向。人文学科总是要设立一种理想人格的目标或典范。人文学科引导人们去思考人生的目的、意义、价值,去追求人的完美化。人文学科不是认识和实践的工具(例如提高小麦的产量),而是发展人性,完善人格。它不是使你学到技术,而是提高你的文化素养和文化品格。它所根据的理念不是工具理性,而是价值理性。有人问:"读唐诗有什么用处?""读《红楼梦》有什么用处?"我们只能回答:没有用处。它不是工具。它没有直接功利的用途。人文学科的特点是体验性(它要求学者知情意一体的全身心的投入)、教化性(教养)、评价性(价值导向)。这和社会科学不同。社会科学是在现代自然科学兴起的背景下形成的,它引进自然科学的理论、知识、方法,运用统计的方法、定量的方法、社会调查与社会观察的方法,进行实证的研究。社会科学如经济学、法律学、政治学、社会学、人口学、统计学等等,对社会生活有明显的指导意义和直接应用的价值,它们可以推动社会经济的发展,提高社会管理的效率,所以具有广泛而直接的实用性。

5. 人文学科没有直接的功利性,不等于人文学科没有"用"。人文学科的

---

[1] 参见朱红文:《人文精神与人文科学》,中共中央党校出版社1994年版,第196页。
[2] 同上,第213页。

功用最主要的就是"教化"。黑格尔说过，人之所以为人，就在于人能脱离直接性和本能性。因此人需要教化，教化的本质就是使个体的人提升为一个普遍性的精神存在。所以他说，哲学正是在教化中获得了其存在的前提和条件。伽达默尔也说过，精神科学是随着教化一起产生的，因为精神的存在是与教化观念本质上联系在一起的。

6. 在我们当前的时代条件下，人文学科至少有以下六个方面的社会功能：

第一，提供一种正确的价值和意义的体系，从而为社会提供一种正确的人文导向。

第二，对广大群众特别是青少年进行人文教育，提高整个民族的文化素质和文化品格，塑造一种文明、开放、民主、科学、进步的民族精神。有了这种不断提升的文化素质和文化品格，有了这种民族精神作为支柱，我们才能不断增强我们民族的生命力、创造力和凝聚力，我们才能加速现代化进程，推动社会的进步，实现民族的振兴。

第三，使我们整个民族特别是科技工作人员以及实际工作部门的干部获得正确的世界观和理论思维、战略思维的训练，使我们国家的科技发展和现代化建设获得丰富的文化内涵，并从文化的（哲学的、历史的、审美的）层面激发我们整个民族的智慧和原创性。

爱因斯坦说："陀斯妥耶夫斯基给予我的东西比任何科学家给予我的都要多，比高斯还多！"世界级的建筑大师贝聿铭说："我时常读老子。我相信他的著作对我建筑想法的影响可能远胜于其他事物。"很多自然科学领域和技术科学领域的大师都说过类似的话。他们非常重视从人文学科的经典中吸取智慧，获得创造的灵感。

第四，为国家在经济建设和现代化进程中的各种决策提供人文咨询、人文设计、人文论证。经济建设和现代化决不单纯是一个科学技术问题，也不单纯是一个物质问题，它包含文化的、精神的、价值的层面。所以，国家的决策不仅需要技术咨询、技术设计、技术论证，而且需要人文咨询、人文设计、人文论证。忽视人文咨询和人文论证，往往导致决策的重大失误。

第五，推动中国文化进一步走向世界。展望二十一世纪，中国文化和东方文化的伟大复兴，必将改变西方文化片面主宰世界的格局。人文学科在这方面担负着重要的任务，这包括：对中国文化进行全面的、深入的、原创性的研究；以过去所缺乏的广度和深度把中国文化介绍给国际社会（西方文化界、学术界对中国文化至今极端缺乏了解）；等等。

第六，推动文化产业的发展。人类社会进入二十一世纪，随着高科技的进一步发展，随着物质生活的富裕，人们对于精神生活和情感生活的要求会越来越高，越来越迫切。而文化产业的特点是艺术学科、人文学科和技术学科的交会与融合，是科技和情感、物质文明和精神文明的交会与融合。我们应该十分关注这个新兴的文化产业，用理论和实践相结合的方法，对它进行探索和研究，推动它的发展，力求把握它的最新潮流。

7. 1949年以来（1949年前也是如此），我们大学文史哲等系科把自己的任务都确定为培养本专业的专门人才。这种人才当然是社会所需要的。但是如前面所说，人文学科不仅是职业（专业），更主要的是一种教养。职业是一部分人的事，教养就带有普遍性，关系到每个人。所以大学的人文系科不仅要面向本系各专业的学生，而且要面向全体大学生，更进一步，还要面向整个社会，面向社会上的广大群众，特别是广大青少年。

8. 根据对人文学科的社会功能的这种认识，可以引出文史哲等系科教学改革的一条思路。

我想，文史哲等系科在人文教养（广义的教学）方面的功能，可以分解为以下四个方面：

①培养本专业的专门人才（包括理论型的人才和应用型的人才）。

②作为其他系科（社会科学系科、自然科学系科、工程技术系科）学生的辅修专业。

③开设全校性公共选修课，对全体大学生进行人文教育。

④面向全社会，利用书籍、报刊、广播、电视、网络等各种传播媒介，对青少年及广大群众进行大众化的、生动活泼的人文教育。

如果文史哲等系科把上述四个方面的任务都担当起来，那么它们在高等学校以及整个社会的人文教养方面必定能发挥越来越大的作用，从而也就为我们国家的现代化以及我们民族的振兴作出越来越大的、别的系科（社会科学系科、自然科学系科、工程技术系科）所不能替代的贡献。它们的前景是十分光明的。

本文为作者 1995 年 12 月 8 日在当时国家教委组织的"加强大学生文化素质专家报告会"上的报告文稿

时代呼唤巨人

加强学校美育和艺术教育是时代的要求。我们的学校美育和艺术教育要回应时代的呼唤。我谈两点。

第一，我们的时代是中华民族伟大复兴的时代，这个时代要求我们培养人格完善、全面发展的杰出人才，要求我们培养多才多艺、学识渊博、富有创造力的巨人。

大家知道，恩格斯说过一句很有名的话。恩格斯说，文艺复兴是一个需要巨人而且产生巨人——在思维能力、热情和性格方面，在多才多艺和学识渊博方面的巨人的时代。恩格斯这句话对我们当今的人才培养非常有启发。我们现在一般是提倡培养"拔尖人才"，"拔尖人才"一般的理解是指在专业的知识和技能方面拔尖。在大学教育中，我们往往只重视知识的灌输、技能的训练，而忽视心灵的教化和人格的培养，我们不注重引导青年去寻求人生的意义和价值，古典课程、人文课程、艺术课程受歧视、受排挤，人的创造力、想象力被压抑，人的同情心、道德感、审美感得不到启迪。而恩格斯的"巨人"的概念，首先是说"思维能力"，接着说"热情和性格"，接着说"多才多艺和学识渊博"，这就使我们的眼光从专业知识和技能的遮蔽中解放出来。从专业知识和技能来说，美育、人文艺术教育的直接帮助好像不明显，但从思维能力方面，从热情和性格方面，以及从多才多艺和学识渊博方面来说，这正是美育、人文艺术教育的独特功能，这是从孔子一直到蔡元培所一贯强调的。我们现在是处在一个中华民族伟大复兴的时代，我们这个时代和文艺复兴的时代有某种相似的地方，我们这个时代也是一个需要巨人并且产生巨人的时代。我们这个时代呼唤思想，呼唤理论，呼唤学术高峰，呼唤学术巨人，呼唤"立时代之潮头，通古今之变化，发思想之先声"的大学者、大思想家、大艺术家、大科学家。我想，这正是我们的大学的历史使命。我们的大学要出新思想，出新理论，出学术巨人，出大思想家、大艺术家、大科学家。这里有两个层面。一个层面是面向全体大学生的素质教育。我们要通过人文艺术教育和科学教育，要通过在我们的大学中营造浓厚的文化氛围、艺术氛围、科学氛围，培养我们的大学生在思维能力方面、在热情和性格方面、在多才多艺和学识渊博方面，普遍具备优良的素质。中外的教育史都证明，一所大学如果十分重视美育和人文艺术教育，那么它所培育出来的学生总是更富有活力，更富有创造力，更富有进取精神，具有更开阔的胸襟和眼界，具有更深刻的人生体验，具有更健康的人格和更高远的人生境界。着眼于我们国家和民族的现在和未来，我们需要培养这样的人才。这是一个层面，是面向全体大学生的素质教育的层面。再一个层面，是培养杰出人才的层面，或者说培养恩格斯说的巨人的层面。我们要看到，我们的人文艺术教育和科学教育作为普及教育和素质教育，正是为培养时代所需要的巨人提供土壤，提供精神、性格、胸襟、学养等方面的基础条件，正是在这种普及的人文艺术教育和科学教育的基础上，我们才有可能培养时代所需要的巨人。这包括培养大艺术家、艺术理论家和艺术批评家。培养大艺术家、艺术理论家、艺术批评家，不能只局限于增长专业知识和技能。大艺术家、艺术理论家、艺术批评家要有高远的精神追求，要有高尚的人格修养，要有广阔平和的胸襟，要有丰富的文学、艺术、哲学、历史的学养，要有深厚的艺术感和理论感，要有深厚的人生感和历史感。他们追求人生的神圣价值。正是这种追求，使他们生发出无限的生命力和创造力。这就是恩格斯说的巨人。我们的时代是需要巨人并且产生巨人的时代。这是大学的重要使命。这一点，我们过去不怎么提，现在应该明确地、突出地提出来。这就是为什么钱学森先生和季羡林先生在晚年一再强调，为了创建世界一流大学，为了培养杰出人才，我们的大学必须实行科学与艺术相结合的原因。对此，我们应该有一种自觉。这是文化的自觉。

第二，我们这个时代是高科技的时代，这个时代要求我们的教育充分利用网络平台的媒介，推动优质教学资源的社会共享。我们的美育和艺术教育也应该体现这种"互联网+"时代的要求。

2015年，在教育部体卫艺司的引领下，由北京大学牵头，和网络平台合作，我们策划和制作了一门网络共享课（国外叫慕课），题目是"艺术与审美"。这门课引起了比较大的反响，目前，全国各地已有五百所高校，超过十六万学生选这门课。受这门课的启发，我们现在正在策划和制作一个系列的"人文艺术网络共享课"，第一阶段开设四门课：（一）昆曲经典艺术欣赏，（二）伟大的《红楼梦》，（三）敦煌的艺术，（四）世界著名博物馆的艺术经典。这四门课已于2016年下半年开始录制，计划2017年2月上线。

我们试图在"互联网+"的新形势下，利用网络平台，逐步创造一种新型的人文艺术通识课。我们这种新型的人文艺术通识课有几个特点和追求：

其一，在互联网上面向全国高校开课，覆盖面大。过去我们在学校里开通识课，一门课的选课人数最多五六百人，现在在网上开通识课，一门课的选课人数可以达到几万人、十几万人，影响面就非常大。

其二，在高等院校中营造传承中华优秀文化、弘扬中国精神的浓厚氛围。我们讲昆曲，因为昆曲是中国传统艺术的经典；我们讲《红楼梦》，因为《红楼梦》是中国古典小说的高峰，是中国文化的百科全书；我们讲敦煌，因为敦煌是中国文化的宝库，是中国艺术的宝库。俄罗斯的大学生一定要读普希金、莱蒙托夫，一定要读《战争与和平》，中国的大学生一定要读唐诗宋词，一定要读《红楼梦》，一定要知道敦煌，一定要知道昆曲。总之，我们要引导我们的大学生接近中华文化的经典，使他们熟悉经典，阅读经典，欣赏经典，热爱经典，加深他们对"中华文化独一无二的理念、智慧、气度、神韵"的认识和体验，深化他们的中国文化的根基意识。经典的作用不可替代，经典的地位不可动摇。当然，我们也要引导大学生具有国际眼光，使他们热爱全人类的文化经典、艺术经典，所以我们也开设一门"世界著名博物馆的艺术经典"。今后还要开设这方面的其他课程。

其三，课程内容要有普及性和趣味性（面向各个学科门类的大学生），讲课力求清晰、生动，传播基础性的知识，同时要有一定的学术性、思想性，要传播新的知识，要有新鲜感，要体现学术的深度，融入学科前沿的研究成果。因为这是面向大学生的通识课，不同于电视台开设的面向电视观众的讲座。

其四，在传播人文艺术知识的同时，还要传播健康、高雅、纯正的趣味和格调，引导大学生有一种高远的精神追求，引导大学生去追求一种更有意义、更有价值、更有情趣的人生。

其五，授课老师聘请北京大学和国内其他高等院校的著名教授，同时也聘请文化领域和艺术界的著名学者和著名艺术家。我们请白先勇、蔡正仁等著名的昆曲艺术家和学者来讲昆曲，我们请王蒙等著名的文学家、哲学家和红学家来讲《红楼梦》，我们请樊锦诗等长期在敦煌工作的学者来讲敦煌。邀请这么多知名的学者和艺术家来讲课，我想更能体现优质教学资源社会共享的理念。

建设这一系列"人文艺术网络共享课"，利用互联网的媒介在大学生中加强艺术教育和人文教育，是我们贯彻中央精神的一种尝试，也是回应时代呼唤的一种尝试。

我相信，二十一世纪的中国，必定会涌现一大批大学者、大思想家、大艺术家、大科学家，就是恩格斯所讲的巨人，成为一个群星灿烂的时代。

  本文为作者在 2016 年第十一届全国艺术院校院（校）长论坛上的发言

引领全社会重视艺术教育

关于艺术教育,我想谈两点。

第一,我们要在各种场合进一步宣传艺术教育的重要意义。因为无论从教育界来说,还是从整个社会来说,轻视人文教育和艺术教育依然是一个相当普遍的倾向。我在这儿想提已故的科学家钱学森先生。钱学森去世以后,大家都写文章纪念他,很多文章讨论"钱学森之问",就是钱学森提出的我们现在为什么很少培养出拔尖人才的问题。我认为,实际上钱学森自己已经回答了这个问题,至少已经从一个侧面回答了这个问题。当时有记者采访他,钱先生说,他现在岁数大了(90多岁),小的问题不考虑了,就考虑大问题。什么叫大问题呢?就是培养杰出人才的问题,就是办世界一流大学的问题。那么怎么培养杰出人才?怎么办世界一流大学呢?他说,根据历史的经验,也根据他本人的经验,我们的大学教育(当然也不限于大学教育,中小学教育也一样)要实行科学与艺术相结合。怎么培养杰出人才?怎么办世界一流大学?他没有说别的,只说了这么一条,就是实行科学和艺术相结合。

我感到钱学森这个思想非常重要,但遗憾的是,纪念他的文章好像还没有谈到这个问题。钱先生这个话不是随便说的,我们应该高度重视,特别是教育界的人士应该高度重视。其实不仅是钱学森,季羡林先生晚年也一再强调人文与科学相结合的重要性。所以，我们应该通过各种渠道，运用各种形式进一步宣传和阐明美育、艺术教育的重要意义。我们要宣传美育和艺术教育对培养创新型人才、对建设创新型国家的重要意义，钱先生就一再强调艺术对激发创新思维的重要性。我们要宣传和阐明美育、艺术教育对于建设和谐社会的重要意义。美育和艺术教育的特点是通过维护每个人的精神的平衡与和谐来维护人际关系的和谐。荀子说过，乐的作用是使人血气平和，从而达到家庭和社会的和谐与安定。席勒也说过，只有美才能赋予人合群的性格，只有审美趣味才能把和谐带入社会，因为它可以在个体身上建立起和谐。这些先哲的话在今天特别值得我们重视。现在，在大学生和中学生中，有不同程度心理障碍和心理疾病的人数在增多，学生中自杀的人数也有所增多。为了缓解这种状况，除了加强德育、智育之外，还应该加强美育和艺术教育。美育和艺术教育能影响一个人的情感、趣味、气质、胸襟，能影响人的无意识的层面，这恰恰是德育和智育所难以达到的。

  当前，我们尤其要宣传和阐明，在各级学校和全社会加强美育和艺术教育，全面实施素质教育，是我们学习实践科学发展观的重要举措。中共十七大报告在论述全面建设小康社会的目标时，有一个重要的提法，就是要使我们国家成为具有更高文明素质和精神追求的国家。把精神追求作为全面建设小康社会的一个目标、一个标志，这有极为深远的意义。一个国家、一个社会不能只有物质的追求，而没有精神的追求。一个人如果没有精神追求，大家会说这个人很庸俗。从理论上说，这种人就失去了意义感，他的人生没有意义。他可能很有钱，但他的精神空虚。一个社会没有精神追求，那整个社会必然会陷入庸俗化。一个国家的物质生产上去了，物质生活富裕了，如果没有高远的精神追求，那么物质生产和社会发展最终会受到限制，这个国家就不可能有远大的前途。天长日久，就会出现人心的危机，那是十分危险的。

我们的教育事业应该体现中共十七大、十八大的精神，要把具有更高的精神追求作为教育的重要目标。从实现这个目标来看，我们对中央提出的全面实施素质教育的方针可以有更深刻的理解。素质教育是德、智、体、美全面发展的教育，它不仅包括科学教育，而且包括人文教育和艺术教育。因为经济建设和现代化建设不单纯是一个科学技术问题，也不单纯是一个物质问题，它包含文化的、精神的、价值的层面，这就需要人文教育。只有人文教育才能提供价值导向和人生意义。经济发展和科技发展都代替不了人文教育。缺乏人文教育，就会出现价值评价颠倒、价值观念混乱、精神空虚、信仰失落等现象，就会出现精神危机，社会的安定和发展就会受到严重的威胁。所以，我们在加强科学教育的同时，还要加强包括艺术教育在内的人文教育。要通过人文教育、艺术教育不断提高广大学生的品味和格调，引导学生去追求一种更有意义和更有价值的人生，引导学生不断地提升自己的人生境界。

第二，我们要更加重视校园文化环境的建设和整个社会文化环境的建设。现在这方面的问题非常多，也非常突出。我前面说过，我们的大中小学要尽可能地营造浓厚的文化氛围和艺术氛围，大学还要营造浓厚的学术氛围。我们要创造条件使大学生更多地接触艺术经典、文化经典，用文化经典、艺术经典引导青少年去寻求人生的意义，去追求更高的境界。流行艺术不可能起到这种作用。当然，我们不反对流行艺术，流行艺术也有很好的，但流行艺术不能代替艺术经典。另外，要防止那些精神狂乱、格调恶俗的艺术进校园展览和演出。有一些格调很低的东西，如果它们不违反法律，当然可以在社会上的某些场合，如酒吧歌厅演出，但我们不能让它们进校园演出。有人问："为什么？"理由很简单，就是我们的学校是教育下一代的场所，我们必须把我们的下一代引上精神健康发展的道路。当然我们也不赞成让这些东西在国家大剧院演出，因为国家大剧院应该引领艺术界和整个社会的趣味、格调和精神追求。有人说，艺术没有好坏之分，趣味没有高低之分，只要有个性就是好的，只要票房高或收视率高就是好的，甚至说越低俗就越是贴近群众。这些说法都极不妥当。我们教育界和理论界应该对这些错误的说法加以批驳，避免它们给我们的实际工作带来危害。

在重视校园文化建设的同时，我们还要加强对社会文化环境的治理和建设，清除不利于青少年精神健康的因素，特别要注意扫除各个文化领域的垃圾和文化毒品。影视、美术、音乐、网络游戏、平面媒体、广告以及互联网的人文内涵、格调和趣味是构成社会文化环境的重要因素，它们对青少年的影响非常大。现在垄断电影院线的所谓大片，包括从美国引进的和国内生产的某些大片，对于广大青少年影响很大，主要是渗透在这些大片中的趣味、格调、价值观乃至政治倾向对于广大青少年影响很大，也许可以说已经超过了我们校内课堂教学对青少年的影响。这非常值得我们研究。作为一名教师，我希望我们的电影、电视和音乐、美术作品以及广告文化、网络文化、手机文化等等，能着重向年轻一代展示中国文化和中国历史中的健康的东西、正面的东西、美的东西，要传播健康的格调和趣味。

为什么要美？美的东西使人感到人生是美好的。人生如此美好，所以，它会使人产生一种感恩的心理，产生一种崇高的责任感，使人感到要对这个世界、对人生做一点什么，要做点贡献，要奉献。美的东西能引导人去追求美好，提升他们的精神境界。所以，对青少年的教育来说，美的东西非常重要，我不赞成现在有些人投入大把的钱专门搞些丑恶的东西。我不是说中国文化和中国历史中没有不健康的东西、负面的东西、丑恶的东西，当然有。但是，中国文化从总体上来说，是健康的、美的。中华民族是有着强大生命力、创造力、凝聚力的民族，中华民族在历史上产生了许多为后人确立精神高度和人生高度的坐标的仁人志士，产生了许多顶天立地的大丈夫。

我不赞成有的人把中国历史上和现实中一些阴暗的、畸形的、丑恶的、血腥的东西，比如扭曲的性格、病态的心理、家族内部的背叛、乱伦和残杀等加以放大或者夸大，拼命地渲染，或者把中国人一概都描绘成愚蠢的、丑陋的、发呆的模样，显示中国人都是没有头脑、没有灵魂的傻瓜。这样的作品怎么可能增加青少年的民族认同感和中华文化的根基意识呢？怎么可能激励年轻一代为中华民族的伟大复兴而努力奋斗呢？这样的所谓作品可能在价值内核上迎合了西方某些人对中国文化的误解和曲解，但从根本上说不可能获得国际社会对中国文化的认同和向往，不可能增强中国文化在世界上的吸引力。我也不赞成有的人把中国历史上的伟大人物和伟大经典胡乱地解构，使之荒谬化。对我们来说，这种胡乱解构就是对伟大人物和伟大经典的任意糟蹋。但是，那些伟大人物和伟大经典不是属于哪个个人，而是属于整个中华民族的，他们关系到民族生存的气脉，我们不能听任某个个人对之任意地糟蹋。我想再重复说一句，经典的作用不可替代，经典的地位不可动摇。

总之，需要我们关注的问题很多。我们希望大家都来关注研究这方面的问题，并且在实践上努力繁荣校园文化，加强社会文化环境的建设。因为，校园文化环境和社会文化环境对我们青少年的影响，尤其是对我们青少年心灵的影响太大了。

本文为作者在教育部艺术教育委员会第五届委员会议上的发言，原载《美育学刊》2012年第3期

使大学生具有更高的精神追求

中共十七大报告在论述 2010 年全面建设小康社会目标时，有一个重要的提法，就是要使我们国家成为"具有更高文明素质和精神追求的国家"。我想，我们的教育事业应该体现十七大的这一精神，要把具有更高的精神追求作为教育的重要目标。

围绕这个精神追求的问题，我谈几点看法。我主要从艺术教育的角度谈，但不限于艺术教育，因为精神追求的问题不仅关系到艺术教育，更关系到我们的整个教育。

第一，我们的艺术教育要高度重视人文内涵，要通过艺术教育引导学生提升自己的人生境界。

大家知道，美育、艺术教育可以从多方面提高人的文化素质和文化品格，但美育、艺术教育的意义最终归结起来是提升人的人生境界。

什么是人生境界？人生境界就是一个人的人生的意义和价值。它是一个人的人生态度，包括这个人的感情、欲望、志趣、爱好、向往、追求等等，是浓缩一个人的过去、现在、未来而形成的精神世界的整体。从表面上看，大家共有一个世界，但实际上，每个人的世界是不同的，因为世界对每个人的意义是不同的。

人生境界对于一个人的生活和实践有一种指引的作用。一个人有什么样的境界，就意味着他会过什么样的生活。

一个人的人生境界，表现为他的内在心理状态，中国古人称之为"胸襟""胸怀"；表现为他的言谈笑貌、举止态度、生活方式，中国古人称之为"气象""格局"。"胸襟""胸怀""气象""格局"，作为人的精神世界，好像是"虚"的，是看不见、摸不着的，实际上它是一种客观存在，是别人能够感觉到的。冯友兰先生说，当年他在北大当学生时，第一次到校长办公室去见蔡元培先生，一进去，就感觉到蔡先生有一种"光风霁月"的气象，而且满屋子都是这种气象。中国古代思想家都强调，一个受教育者，一个学者，不仅要注重增加自己的知识和学问，更重要的是注重拓宽自己的胸襟，涵养自己的气象，提升自己的人生境界。

朱光潜先生曾提倡人生的艺术化。人生的艺术化，就是追求审美的人生。我们的艺术教育要引导学生有意识地追求审美的人生，在这个过程中，不断提升自己的人生境界。什么是审美的人生？审美的人生就是诗意的人生、创造的人生、爱的人生。诗意的人生，就是跳出自我，用审美的眼光和审美的心胸看待世界，照亮万物一体的生活世界，体验它的无限意味和情趣，从而享受"现在"，回到人类的精神家园。创造的人生，就是一个人的生命力和创造力高度发挥，从而使自己的人生充满意义和价值，显得五彩缤纷。一个人的人生充满诗意和创造，一定会给他带来无限的喜悦，使他热爱人生，有一种拥抱一切的胸怀和对万事万物以及每个人的爱。这是爱的人生。爱的人生是感恩的人生。我们的艺术教育应当超越技术的层面和功利的层面，引导学生有意识地去追求审美的人生，去追求诗意的人生、创造的人生、爱的人生，在这个过程中，不断拓宽自己的胸襟，涵养自己的气象，提升自己的人生境界。

第二，我们的各级学校都要加强中华文化的教育。特别对于大学生来说，我们要加强他们对于中华文化的根基意识，使他们具有一种"文化自觉"。

中共十七大报告指出，中华文化是中华民族生生不息、团结奋进的不竭动力。要弘扬中华文化，建设中华民族共有精神家园。要加强中华优秀文化传统教育，增强中华文化的国际影响力。

为了迎接北京奥运会，2008年我和朱良志教授写了一本《中国文化读本》。这本书已经出版了中文本、英文本和韩文本，今年还要陆续出版法文本、德文本等其他六种外文本。在写作这个《中国文化读本》的过程中，我们对于中华文化以及进行中华文化的教育有了一些新的认识。我想在这里谈一下。这种新的认识可以概括为三点：

第一点，我们在学校进行中华文化的教育，要力求向学生提供一种对于中华文化的有深度的认识。

介绍中华文化，当然要讲述中国的历史知识，要介绍各种物质的和非物质的文化遗产，如故宫、长城、书法、绘画、苏州园林、昆曲、京剧、民间工艺、饮食、服饰、民居等等，但同时更要展示在这些历史知识和物质的、非物质的文化遗产的后面的东西。这"后面的东西"是什么呢？就是中华文化的精神、中华文化的内在意味、中华文化的核心价值。例如，我们从杨柳青年画和桃花坞年画的热闹、欢乐、喜庆的画面，可以看到中国人对于过一种平安、富足生活的强烈愿望，这是中国老百姓最普遍、最本质的愿望，也是中国老百姓世代不变的愿望，这就是这些年画"后面的东西"。又如，我们从麦积山佛像和青州佛像的微笑，以及《西游记》中百折不挠的孙悟空的形象，可以看到中国人无论在太平的岁月还是在苦难的岁月，无论是处于顺境还是处于逆境，都能保持乐观、从容的气度，从不丧失对生活的信心，这就是这些艺术作品"后面的东西"。又如，我们从纯净的瓷器、烟雨迷离的江南园林和温婉清丽的女子旗袍，可以看到中国人优雅的生活品味和美感世界，这就是这些工艺品和园林建筑"后面的东西"。如此等等。我们要把中国人既现实又高远的精神境界展示出来。这样展示出来的中华文化，有内在的精神，有活的灵魂，这就是活的中华文化。这样，我们的年轻一代对中华文化就可以获得一种有深度的认识。只有这种有深度的认识，才能照亮中华文化的本来面貌，才能深化我们年轻一代对于中华文化的根基意识。

第二点，在进行中华文化教育的时候，要特别注意展示中华文化中体现人类普遍价值的内容。

我们进行中华文化的教育，一般都会注意介绍那些最有中国特色的东西。那些最有中国特色的东西，往往体现我们民族的独特的价值观和思想体系，这是在长期历史发展中形成的。我们应该向学生展示和说明它们的历史内涵和历史根据。另一方面，那些最有中国特色的东西，又有可能体现全人类的共同价值。人们常说的普世价值，并非就是西方价值。中华文化的很多方面，同样体现人类共同价值。例如，我们从孔子的《论语》和天坛的建筑，可以看到中国人对大自然的敬畏和感恩的心境；我们从中国画家的山水画、花鸟画，可以看到中国人对生命的爱，看到中国人对人与万物一体之美的欣赏；我们从《老子》《周易》、禅宗的思想和中医的理论，以及太极拳、围棋等体育活动，可以看到中国人有一种顺应自然、追求人与自然和谐的人生智慧；我们从兵学经典《孙子兵法》《孙膑兵法》发出的"慎战"的警告，从郑和船队七下西洋所遵循的"共享太平"的外交方针，以及从中国人延续两千多年时间千辛万苦修建的万里长城，可以看到中国人对和平生活的永恒祈求；我们从盛唐时期"洛阳家家学胡乐"，从长安城"胡服"盛行、胡风弥漫，以及从二十世纪初期老上海的开放、时尚和活力,可以看到中国人对外来文化一贯有一种开放和包容的胸襟;我们从玄奘和义净赴印度取经的时间之长(一个17年,一个24年),以及他们主持的翻译院的规模之大、规格之高,可以看到中国人对于吸收异质文化的高度热情。如此等等,都是中华文化中体现人类共同价值的内容。对于这些内容,我们过去有时注意不够,今天我们应该着重把它们加以展示、照亮。照亮这些内容,可以使年轻一代对中华文化的内涵和特点有新的认识,从而增强文化的自觉。

第三点,在进行中华文化教育的时候,要特别关注普通老百姓的生活世界,要展示普通老百姓的生活态度和生命情调,展示普通老百姓的人生愿望和追求。

构成一种文化的最基础的东西,是普通老百姓的生活世界。我们在介绍和展示中华文化的时候,应该特别关注普通老百姓的生活世界,要展示普通老百姓的生活态度和生命情调,展示普通老百姓的人生愿望和追求。例如,我们从《清明上河图》中宋代都城老百姓那种毫无拘束的快乐的气氛,可以看到中国人对于平静、安乐、和谐生活的一种满足的心态;我们从老北京蓝天传来的鸽哨声和小酒店中那种知足、快乐、悠然自得的情调,可以看到中国老百姓如何为自己平淡的生活寻求快意和乐趣;我们从中国人在弹琴、下棋、饮酒、喝茶时着意营造诗意的氛围,可以看到中国人对于审美人生的追求;等等。普通老百姓的心灵世界、文化性格、生活愿望和审美情趣,对于民族生存和历史发展有极其重要的作用。中华民族历经磨难,但都能承受,与老百姓的这种心态可能有一种内在的联系。把这些东西展示出来,中国文化就有了活的风味。我们的年轻一代不仅可以获得许多有关中国文化的历史知识,而且可以知道我们的祖先原本是怎样创造富有意义的生活以及怎样享受有情趣的人生的。这就可以大大深化他们对于中华文化的根基意识。

以上就是我的三点认识。我深深感到,对我们的学生,特别是大学生加强中华文化的教育,对他们的精神世界会产生很深的影响,可以使他们获得一种费孝通先生说的"文化自觉",也就是使他们明白自己的文化的传统、价值和发展方向,增强民族自信心,增强文化创新的自主能力,并取得文化选择的自主地位。这在当今信息化和全球化的时代,是非常重要的。

第三,要在学生中提倡阅读人文经典,要使大学生明白,一个人要提高文化修养,打下做人、做学问的根底,必须精读几本人文经典著作。

人文经典著作是各个时代人类最高智慧的结晶,数量是有限的。对于这些经典著作,必须精读。精读,用古人的话说就是"熟读玩味",也就是放慢速度,反复咀嚼,读懂,读通,读透。精读这些经典著作,就是为了吸收人类的最高智慧,使自己更快地成长起来,使自己更快地成熟起来。

多读经典著作,经常接触经典,可以把自己的品味提上去。一个人如果老读三四流的著作,就会让那些著作把自己框住,自己的情趣、格调、眼光、追求等也会慢慢降低。这也是一种熏陶,一种潜移默化。当代俄罗斯电影大师塔可夫斯基说,他小时候,他母亲就建议他读《战争与和平》,并经常告诉他书中那些段落如何写得好。这样,《战争与和平》就成了他的艺术品味和艺术深度的标准。他说:"从此以后,我再也没办法阅读垃圾,它们给我以强烈的嫌恶感。"塔可夫斯基成为电影大师,同他从小的这种文化教养是不可分的。反过来,一个人如果从小都是阅读文化垃圾,那么他就再也接受不了文化经典,因为他的文化品味早被文化垃圾低俗化了。一个人读的书构成一种精神—文化环境,它会很深地影响一个人的文化气质和文化品格。

现在有一种说法,叫"读图时代""快餐文化时代"。这种说法可能是从国外传进来的。我认为有很大的片面性。因为这种说法排斥经典阅读，排斥深度阅读。我不否认漫画、动画可以传播真、善、美，可以开启青少年的心智。我也赞成发展动漫产业。但是，漫画、动画终究不能传播深刻的思想。如果我们年轻一代真的变成"读图的一代"，完全与人文经典隔绝，那么天长日久，我们的民族就会变成一个没有深刻思想的民族，变成一个肤浅的民族。那样，灿烂的中华文明将会中断，那是极其危险的。

第四，要重视校园文化环境的建设，加强社会文化环境的治理。

我们要十分重视校园文化的建设。一所大学要营造浓厚的文化氛围、学术氛围和艺术氛围，可以通过组织学生艺术团和各种文化社团，举办各种学术讲座、艺术讲座、文化沙龙，举办学生音乐节、戏剧节，组织高雅艺术进校园展览演出。我们要创造条件，使大学生更多地接触艺术经典，使他们能经常地欣赏莎士比亚和汤显祖的戏剧，欣赏莫扎特和贝多芬的音乐。艺术经典是我们刚才讲的人文经典的一部分。艺术经典引导青少年去寻找人生的意义，去追求更高、更深、更远的东西。

在重视校园文化建设的同时，各级政府和有关部门要加强对社会文化环境的治理，消除不利于青少年精神健康的因素，特别要注意扫除各个领域的文化垃圾和文化毒品。影视、美术、音乐、网络游戏、平面媒体、广告以及互联网的人文内涵、格调和趣味是构成社会文化环境的重要因素，它们对青少年的精神影响非常大。我希望我们的电影、电视和音乐、美术作品，以及广告文化、网络文化、手机文化等，要着重向我们的年轻一代展示中国文化和中国历史中的健康的东西、正面的东西、美的东西，要传播健康的格调和趣味。

总之，我认为，我们的大学教育，包括艺术教育，都应该引导学生，使他们有一种更高的精神追求，使他们去追求一种更有意义和更有价值的人生，使他们注重拓宽自己的胸襟，涵养自己的气象，不断提升自己的人生境界。我想，这是二十一世纪中华民族伟大复兴的重要课题。

本文为作者2009年在"全国第二届大学生艺术展览活动"期间举行的"高校艺术教育科研论文报告会"上的专题讲座，原载《中国美术教育》2009年第2期

北京大学艺术教育的传统

北京大学创建于1898年（光绪二十四年），当时称为京师大学堂。1912年5月，京师大学堂更名为北京大学。1917年1月4日，蔡元培先生出任北京大学校长。早在1912年蔡元培任临时政府教育总长时，就曾发表《对于教育方针的意见》，强调美育的重要性。蔡元培任北京大学校长之后，开始大力实施美育。一方面，他本人亲自在北大开设美学课，并着手编写《美学通论》；另一方面，他在北大组织"画法研究会""书法研究会""音乐研究会"（"画法研究会"和"书法研究会"于1922年8月合为"造型美术研究会"，"音乐研究会"于1922年12月改为"音乐传习所"），聘请徐悲鸿、陈师曾、萧友梅、刘天华、王露、胡佩衡、陈半丁等一批著名艺术家到北大授课和指导学生的艺术活动。由于蔡元培的努力，北京大学成了一所艺术气氛十分浓厚的大学，并且很快成为全国的美育和艺术教育的中心。

从蔡元培先生任北大校长开始，北京大学形成了重视美育和艺术教育、重视美学研究和艺术研究的传统。这是一个极其宝贵的传统。

根据我所看到的资料（我看到的资料还是很不完全），以及我对这些资料的初步研究，我想，北京大学艺术教育的传统也许可以概括为以下三个方面：

第一，北京大学的艺术教育带有鲜明的人文色彩，并且有着很强的学术性。

北京大学的艺术教育从一开始就有明确的理念指导，这就是蔡元培先生的美育思想。所以北京大学的艺术教育带有鲜明的人文色彩。北京大学"音乐研究会"初建时的宗旨是"研究音乐，陶养性情"，1920年10月修改章程，宗旨改为"研究音乐，发展美育"。美育是人文教育。人文教育面对的是人的精神世界和文化世界。精神世界和文化世界的内涵就是意义世界和价值世界。所以北京大学的艺术教育从一开始就没有停留在技术的层面，而是自觉地引导学生去追求一种更有意义和更有价值的人生，去追求人生的完美化。

这是一个非常重要的传统。中外的教育史都证明，一所大学如果十分重视艺术教育，如果它的艺术教育有着丰富的人文内涵和人文色彩，那么它所培育出来的学生总是更富有活力，更富有创造力，更富有进取精神，具有更开阔的胸襟和眼界，具有更深刻的人生体验，具有更健康的人格和更高远的精神境界。

与此相联系，北京大学的艺术教育显示出很强的学术性。这表现在两个方面。

一方面，在蔡元培先生的提倡下，北京大学十分重视美学理论的研究，因为美学是艺术教育的灵魂。当时有邓以蛰先生教美学，之后朱光潜先生、宗白华先生这两位美学大师又先后到北大任教。这使得北大的艺术教育有了一种学术的、理论的依托，并且在形而上的层面上形成了一种优势。这是非常重要的。

再一方面，就是长期以来在北京大学从事艺术教育的教师大多数都是具有深厚文化修养的学者，是学者兼艺术家，或者说是学者型的艺术家。

例如邓以蛰先生。他是清代大书法家邓石如的五世孙，他本人的隶书、篆书都达到很高的境界。同时他又是哲学家、美学家和书画鉴赏家。他曾经担任北大哲学系的主任，长期讲授"美学""美学名著选读""西洋美术史"等课程，并且写了《书法之欣赏》《画理探微》《六法通诠》等学术著作。他是学者兼艺术家，是学者型的艺术家。

又如萧友梅先生。他先后留学日本和德国，不仅学习音乐，而且学习哲学和教育学。他在莱比锡大学获得哲学博士学位，博士论文题目是《中国古代乐器考》（1916）。1920年蔡元培聘他到北大任教，同时有两个职位：一个是哲学系讲师，一个是"音乐研究会"导师（后来任"音乐传习所"教务主任）。他除了教学和组织、指挥管弦乐队，还创作了近百首歌曲、大型合唱曲和管弦乐曲，同时他又编写了《钢琴教科书》《小提琴教科书》等大量教材，写了《和声学》《普通乐学》等理论著作和《中西音乐的比较研究》等理论文章。萧友梅先生是学者兼艺术家，是学者型的艺术家。

又如陈师曾先生（又名衡恪）。他祖父陈宝箴是湖南巡抚，父亲陈三立是著名诗人，弟弟陈寅恪是著名历史学家。他的家庭背景使他从小打下了极其渊博深厚的国学基础。他的山水画、花鸟画和篆刻都取得很高的成就。他还写了《文人画之价值》等学术论文。他与齐白石交谊极深，他的艺术思想对齐白石影响很大。他劝齐白石自出新意，推动齐白石开始"衰年变法"。他在艺术教育方面的成就也非常大，王雪涛、王子云、李苦禅、刘开渠、俞剑华等人都出自他门下。陈师曾先生也是学者兼艺术家，是学者型的艺术家。

再如沈尹默先生。大家都知道他是大书法家，他初学欧阳询，后学褚遂良，晚年张扬二王，影响极大。但他同时又是学者。早在1913年他就受聘为北京大学中文系教授，并参与编辑《新青年》杂志。他写的古体诗词清新秀逸，也很受赞扬。沈尹默先生是学者兼书法家，是学者型的书法家。季羡林先生曾对"学者书法"有精妙的论述。季先生说："学者书法不仅讲求书法的典雅清正，而且要求书法有深厚的文化意味。学者书法不仅仅是艺术，而且是文化，同时也是学者对汉字的美化和文化化。从学者书法作品中可以看到学者的文化修养和宽宏眼界。""学者书法"是一个很值得研究的课题。在北京大学一百多年的历史上，有很多著名学者都是书法家。他们有着深厚的学养，使他们的书法作品具有季先生所说的深厚的文化意味，从而具有特殊的审美价值。

现在我们进入了二十一世纪。北京大学作为一所综合大学，特别是一所研究型的大学，在新世纪发展艺术教育，仍然要重视美学和艺术理论的研究，并且要着重培养艺术研究和艺术教育的高级人才。当然，与此同时，我们也要培养实践型的人才，要培养专业艺术家（特别是那些要求具有较高文化修养的实践类专业）。有人看到我们重视美学，认为这就表示我们忽视艺术；看到我们强调学术性，强调培养理论人才，认为这就表示我们轻视艺术实践。北京大学的历史可以表明，这种看法是不正确的。例如宗白华先生，他是哲学家和美学家。他从哲学和美学的高度研究中国古代绘画、书法、园林、舞蹈，提出了许多原创性的见解。艺术界的朋友公认，宗先生对中国艺术的见解极其精深微妙，艺术界至今没有人能超过他。又如我们前面提到的邓以蛰、萧友梅、陈师曾、沈尹默等先生，他们深厚的学识，他们的哲学、美学修养和理论研究，并没有妨碍他们的艺术实践，而是拓宽了他们的胸襟，涵养了他们的气象，培育了他们的人生感、历史感和宇宙感，因而从精神——文化的层面上提升了他们的审美境界。

第二，北京大学的艺术教育从一开始就显示了素质教育和专业教育并重的特色。

在蔡元培美育思想的指导下，北京大学的艺术教育从一开始就面向全体大学生，显示出素质教育的特色。当时的艺术教育主要有三条途径：第一条是课堂教学，先后开设了"美学""中国美术史""西洋美术史""中国古乐学""中国雕塑史""音乐史""和声学""乐理""作曲法""合唱""视唱""西洋弦乐器""中国管弦乐器"等理论和实践课程，还有各种艺术讲座；第二条是组织各种艺术社团和研究会，有"书法研究会""画法研究会""音乐研究会""戏剧研究会"，以及剧艺社、提琴社、歌咏团、民间舞蹈社、摄影社等；第三条是举办音乐会，建设艺术博物馆，营造一个艺术的环境和氛围。如"音乐研究会"经常举办音乐会。1919年4月19日在米市大街青年会举办了第一场大型音乐会，由蔡元培亲自主持，楼上楼下挤满一千多人，盛况空前。"音乐传习所"成立后一共举办过三十四次音乐会。又如1946年从西南联大返京复校之后，当时的文科研究所和北大博物馆收藏了很多有价值的历代艺术精品和民间艺术品，包括书画、服饰、工艺品、佛像、陶瓷、漆器、碑帖等（有许多是本校教师和社会人士捐赠的），为北大营造了一个富有历史感和文明感的环境和氛围。

  北京大学的艺术教育不仅有素质教育的一方面，而且有专业教育的一方面。也就是说，北京大学从一开始就承担了培养艺术专门人才的任务。我们经常提到北大1922年12月在"音乐研究会"基础上成立的"音乐传习所"。这个"音乐传习所"其实是中国现代最早的高等专业音乐学校。由蔡元培兼所长，萧友梅任教务主任，实行学分制。教师有杨仲子、刘天华等人。还有外籍教师。杨仲子留学日内瓦音乐学院，主修钢琴和音乐理论。刘天华是二胡、琵琶演奏家、作曲家。"音乐传习所"1923年招收学生四十四人，一共办了五年（1927年，北洋军阀政府下令停办）。培养的学生有冼星海，是音乐大师，还有谭抒真、吴伯超等人，后来都成了有名的音乐教育家。

  十多年来，我国许多综合大学纷纷建立艺术学院，北京大学也建立了艺术学系,并即将成立艺术学院。由于1952年我国高等教育实行院系调整之后,在很长时间内我国只有单科性的艺术院校,所以艺术界有些人对于综合大学办艺术学院是否合理表示怀疑。其实,如上所述,我国现代教育史上第一所音乐学院就诞生在北京大学,而且从世界范围看,凡是著名的综合大学,都建有艺术学院,如法国巴黎大学就有造型艺术学院、艺术和考古学院,美国哈佛大学有视觉与环境艺术设计系、美术史和建筑史系、音乐系、设计学院、戏剧艺术系,美国哥伦比亚大学有美术史和考古学系、艺术系(含电影、美术、戏剧等)、音乐系,英国牛津大学有罗斯金美术学院、音乐系和美术史系。我国现代著名作曲家、音乐教育家黄自就毕业于耶鲁大学音乐学院(1929)。这些世界著名大学都建有艺术院系并不是没有理由的。培养艺术家,特别是培养大艺术家和艺术理论家,一方面需要专业知识和专业技巧,另一方面还需要深厚的文化、哲学、文学和科学的修养,需要有多学科的支持。就前一方面来说,单科性的艺术院校占有优势;就后一方面来说,综合大学则具有单科性艺术院校所没有的优势。综合大学的多学科的环境在客观上会推动学科之间的相互渗透和相互交融,这对于培育艺术家和艺术理论家有非常重要的作用。这种作用是双向的:一方面,学艺术的学生可以从别的学科中吸取营养,如李苦禅先生当年在北大画法研究会学绘画,同时又在中文系旁听,提高自己的文学修养;另一方面,其他学科的学生也可以到艺术院系学习艺术,发展自己的艺术才能,其中就有可能涌现一批非常优秀的艺术家。就这方面来说,可以举燕京大学为例(1952年院系调整后,燕京大学的文、法、理科都并入北京大学)。燕京大学有音乐系,培养了一大批著名的音乐家,如后来曾担任中国音乐学院副院长、作曲系主任,并曾主持筹建北京师范大学艺术教育系的张肖虎教授;著名歌唱家茅爱立女士;著名歌唱家、音乐教育家邓映易教授;等等。同时,燕京大学的其他系科也出了一大批艺术家，如政治系的焦菊隐，后来成了著名的戏剧导演；英文系的刘北茂（刘天华的弟弟），后来成为著名的二胡作曲家，1949年后担任中央音乐学院教授，培养了大批音乐人才；同是英文系的黄宗江，后来成了著名戏剧艺术家和电影艺术家；又同是英文系的沈湘，兼修音乐，后来成了中央音乐学院声乐歌剧系的主任；又同是英文系的李维渤，后来也成了中央音乐学院声乐歌剧系的教授，他还曾在中央实验歌剧院担任声乐教师兼独唱演员，在《茶花女》《蝴蝶夫人》等著名歌剧中担任主要角色；还有哲学系的孙道临，后来成为著名的电影表演艺术家；新闻系的石方禹，后来也成了著名的电影艺术家；等等。可以看到，综合大学的文化氛围和多学科的环境，对于培养艺术家确有自己的优势。所以我认为，那种笼统地反对综合大学创建艺术学院的意见是不妥当的，对于我国艺术学科的建设和艺术教育的发展是不利的。

第三，北京大学的艺术教育立足于中国文化，实行中西兼容、雅俗并包的路线。

北京大学的艺术教育有一个立足点，这个立足点就是中国艺术和中国文化。这是一百年来一以贯之的，而且是所有在北京大学从事艺术教育的学者和艺术家的思想中十分明确、十分自觉的。宗白华先生是后来到北京大学担任教授的，但是他1921年从德国写回的一封信却可以代表当时在北大从事艺术教育的学者们的共同思想。宗先生在信中说："我以为中国将来的文化决不是把欧美文化搬来了就成功。中国旧文化中实在有伟大优美的，万不可消灭。譬如中国的画，在世界中独辟蹊径，比较西洋画，其价值不易论定，到欧后才觉得。""我实在极尊崇西洋的学术艺术，不过不复敢藐视中国的文化罢了，并且主张中国以后的文化发展，还是极力发挥中国民族文化的'个性'，不专门模仿，模仿的东西是没有创造的结果的。"[1] 宗先生在西方文化的照射下，更加认识到中国传统文化的独特的价值和光彩。这并不是不要学习西方，但是绝不能用模仿代替自己的创造，不能把照搬照抄西方文化作为中国文化建设的目标。我想，二十世纪的历史已经证明，而且二十一世纪的历史还将继续证明，宗先生这些论断和主张是正确的，是充满智慧的。特别是宗先生说的"极力发挥中国民族文化的'个性'"这句话，包含着深刻的真理。

北大的艺术教育有着很浓的中国文化的色彩。王露（王心葵）先生由章太炎先生推荐到北大教古琴，开创了古琴教学进高等学校的先例。吴梅先生、许之衡先生先后在北大讲授昆曲，又开创了昆曲教学进高等学校的先例，被当时上海的报纸称为破天荒的大事。

当时在北京大学任教的艺术家，多数都曾赴欧洲、日本留学，但他们创作的艺术作品，都有鲜明的中国民族文化的个性和色彩。如萧友梅先生，他在北京大学"音乐传习所"组织十五人的管弦乐队（据学者考证，这是中国第一个管弦乐队），他自己任指挥，不仅演奏贝多芬的第五、第六交响曲，同时也演奏他自己创作的富有中国韵味的《新霓裳羽衣曲》。他创作的《春江花月夜》等歌曲以及大提琴曲《秋思》，也都富有中国文化的韵味。

立足于中国文化，同时又实行中西兼容，雅俗并包，这是北京大学艺术研究和艺术教育的传统。从理论研究的层面说，北大的学者从来就是走的中西兼容（中西交融）、雅俗并包的路线。例如朱光潜先生，他一生花很大力气翻译和介绍西方美学，他翻译了柏拉图《文艺对话录》、歌德《谈话录》、莱辛《拉奥孔》、黑格尔《美学》（三大卷、四大册）、维柯《新科学》，这些都是西方美学的经典著作。同时，他又对中国美学有极其深入的研究。他的《诗

---

[1] 宗白华：《宗白华全集》（第一卷），第321页。

论》是一部研究中国诗学的著作,有极高的学术价值。宗白华先生也是如此。他翻译康德的《判断力批判》,对歌德做了非常独到的阐释,同时,他对中国哲学、中国美学、中国艺术有极为深刻的研究。这是中西兼容。还有是雅俗并包,既重视古琴、昆曲、交响乐这样的高雅艺术,也非常重视研究民间文学、民间艺术。北大早在1918年就开始征集歌谣,刘半农、钱玄同、沈尹默、周作人等人都参与此事。1920年成立了"歌谣研究会",并出版《歌谣周刊》。到1926年已收集歌谣一万三千多首,并由顾颉刚等人编辑成书(《吴歌集》《北京歌谣》《河北歌谣》《山歌一千首》等等)。

在艺术教育和艺术创作的层面也是如此。如"音乐研究会"一共设立五个组,其中三组是古琴、丝竹、昆曲,还有两个组是钢琴、提琴(后来增加唱歌一组)。1919年4月19日举办的第一场音乐会,表演节目有昆曲、古琴、洞箫、丝竹、笙箫琵琶合奏,也有钢琴、提琴、独唱、合唱。后来"音乐传习所"的简章就明确规定音乐传习所"以养成乐学人才为宗旨",一方面传习西洋音乐(包括理论与技术),一方面保存中国古乐,发挥而光大。又如刘天华先生,他是"音乐传习所"的国乐教师,教授二胡、琵琶。他也主张中西融合,追求改进国乐。他创作的《良宵》《光明行》《烛影摇红》等二胡曲,都吸收了西洋音乐的技法。刘先生认为,改进国乐,必须一方面采取本国固有的精神,另一方面容纳外来的潮流,从东西方的调和和合作之中,打出一条新路来。

以上我一共谈了三点:第一,北京大学的艺术教育带有鲜明的人文色彩,并且有着很强的学术性;第二,北京大学的艺术教育从一开始就显示了素质教育和专业教育并重的特色;第三,北京大学的艺术教育立足于中国文化,实行中西兼容、雅俗并包的路线。我认为,主要就是这三点,构成了北京大学艺术教育的优良的传统。

传统是一种资源，传统是一种财富。如果我们能充分开发和利用这种资源和财富，我们的艺术教育和艺术学科建设就有可能站到一个别人所没有的高度，从而形成特色、形成优势。

传统又是一种精神氛围、一种精神力量。这种精神氛围和精神力量，对于我们在新的时代条件下进行新的创造，会有极大的鼓舞和推动。

本文为作者在 2003 年 11 月 8 日"北京大学与艺术教育"学术研讨会上的主题讲演

做学问是自己的生命所在

我听到很多从北大毕业的学生说,北大这所大学能影响人的一辈子,只要在北大上了大学,身上就会打上北大的烙印,一辈子都抹不掉。

我想,这种烙印,主要是指精神影响、精神追求,包括志趣、爱好,乃至整个人生境界。

反观我自己,我想我也是如此。

在北大当学生,后来在北大工作,我感到北大有一种人文传统,有一种精神氛围,在这种传统和氛围的影响下,不论是老一辈的学者,还是年轻的学子,都有一种强烈的学术的渴望、学术的热情、学术的追求。这种学术的渴望、学术的热情、学术的追求,包含着一种人生观、价值观,就是把学术研究看作是自己精神的依托、生命的核心,把做学问看作是自己的生命所在。这种氛围对我有很深的影响。

我讲两件事来说明这一点。

一件事是1958年,全国农村开展人民公社化运动,我们北大哲学系请了北京大兴县黄村人民公社的一位主任来做报告。报告内容是讲他们原来的高级社遇到了种种矛盾,不能解决,只有进到人民公社才能解决这些矛盾。这个报告是论证人民公社的必然性。这位公社主任用了丰富的材料,讲得十分生动。

有一位北京市的领导同志也参加这个报告会,他在报告会最后讲话说,你们看,现在的哲学家并不是在书斋中做学问的学者,而是像这位人民公社主任这样的农村干部,他们善于在实际生活中分析矛盾、解决矛盾,这才是哲学家。当时我们都觉得这位领导同志讲得很对。冯友兰先生也来听报告了,他也觉得这位领导同志讲得很对,不过他补充了一句。他说,现在的哲学家当然是这些公社干部,但是像哲学史、逻辑学这些学问还是要有人搞,我们这些人就可以搞这些学问。当然我们不能称为"哲学家",我们可以称为"哲学工作者"。这话传出去,有人就说,你看,像冯友兰这样的资产阶级教授还是不愿意退出历史舞台。在我们今天看来,冯先生这个话正好说明,他是把做学问看作他的生命所在,不做学问,他的生命存在就没有意义了。

再一件事也是在上世纪五十年代,当时历史系有一位研究生(现在也是有名的学者),1957年被打成右派,右派不能毕业分配工作,所以他就留在学校里干些打杂的事,系里有下乡劳动的任务一般都派他参加。但他在这种环境中依然做他的学术研究。在乡下他白天参加劳动,晚上就做研究。据历史系的人说,他的研究成果用很端庄的小楷写了一本又一本,都达到了可以马上送出去出版的水平。这个且不说,最特别的是每当他听说系里有关部门准备给他摘掉右派帽子的时候,他马上就在系里找个事端大吵大闹,大吵大闹是为了给人"表现不好"的印象。这样,有关部门就不好给他摘掉右派的帽子了。经历过当时那段历史的人都知道,戴右派帽子就会被人另眼看待,滋味极不好受。那么他为什么不愿意摘去右派的帽子?这不奇怪吗?原来一摘去右派的帽子,他就要毕业分配工作,他就要离开北京,而他研究的资料都在北京,当时没有现在这样的互联网,一离开北京就无法继续研究了。这就是说,为了做学术研究,他宁愿戴着右派的帽子。当然,随着历史情况的变化,他后来还是摘掉了右派的帽子，分配了工作，成了一位很有成就、很有名的学者。这是一个很典型的例子。这个例子说明，对于北大的一些学生，对于北大的一些学者，做学问真正成了他的生命所在。

我讲这两件事，是想说明，在北大形成了一种人文传统，形成了一种精神氛围，在这种传统和氛围的影响下，北大的很多人，从大学者到年轻的学生，都把学术研究，把做学问，看作是自己的生命的核心，看作是自己的生命所在。

我进了北大，也深受这种传统和氛围的影响。1955年进北大时，中央号召"向科学进军"，我们心中都以将来成为一名学者作为自己的目标。接着又遇上美学大讨论，使我爱上了美学。但是很快就是五七年"反右"，五八年"红专辩论"，做学问、"成名成家"为资产阶级世界观的表现，要受到批判。但是这种政治空气依旧改变不了北大的精神传统对我的影响。1958年我们北大哲学系全系师生下乡参加人民公社化运动，一共去了九个月，在这个期间，我心里还老是关注学术方面的动态，听到一点学术的消息（不论是哪儿来的）就兴奋。放假时我留在乡下，但是很多同学回学校度假，我就托他们买学术方面（美学方面）的书。毕业后留校工作，我也是利用一切机会读书、做研究。1958年因为追求"成名成家"受过批评，所以我留在系里只能做一些打杂的工作，例如编一些资料等，在很多人的心目中，我这样的人并不适合做教学和研究，但我自己的追求依旧是做学问，要研究中国美学和中国艺术。一有时间就读书，写文章。当时我写了不少文章（例如论叶燮的文章），虽然多数都不能发表。在当时的空气下，这是"越轨"的行为。我记得有一天晚上，我在房里看书（我当时是住集体宿舍），外面有人推门，走进一位我们系里的老师，他一进来看我在房里看书，脸色马上就变了。我当时的感觉是，我在干什么坏事，被他发现了。干什么坏事呢？就是坚持走"白专道路"。这就是当时的空气，现在的年轻同学是很难想象的。

今天想来，"白专道路"也好，"成名成家"也好，这些指责，在我身上，其实是一种学术的渴望、学术的热情、学术的追求。正是有了这种学术的渴望、学术的热情、学术的追求，所以在改革开放即大家说的"学术的春天"到来的时候，我很快写出《中国小说美学》《中国美学史大纲》《美在意象》等学术著作，并为推进北大的人文艺术的学科建设（哲学系、宗教学系、艺术学系、艺术学院）和推进整个社会的美育、艺术教育，投入了大量的精力，做了许多工作。我想，这就是北京大学的人文传统和精神氛围在我身上打下的烙印，把学术研究看作是自己的精神的依托，生命的核心，把做学问看作是自己的生命所在。

北京大学人文学科的老一辈学者的学术研究，往往是一种纯学术、纯理论的研究，而不是一种应用性、技术性的研究，不是直接为了解决某一个现实问题的实用研究。这种纯学术的研究，有可能在学科基本理论的核心区域孕育产生新的概念、新的思想，乃至创建新的理论体系和新的学派。上世纪九十年代，我曾听到北大一位学者对记者的谈话，他把自己的研究和汤用彤先生的研究进行对比。他说，汤用彤先生的研究是纯学术的研究，如魏晋玄学、隋唐佛学的研究，而没有针对当前现实问题进行研究，没有对当前现实问题发表看法，而他自己则更关心现实问题，要对当前现实问题发表看法，言下之意他的研究高于汤用彤先生的研究。我当时就感到这位学者的谈话带有某种片面性。针对现实问题进行研究，针对现实问题发表看法，当然非常重要，应该大力提倡，但是人文学科以及社会科学学科的纯学术研究、纯理论研究同样很重要。时代问题从来是理论思考的推动力和催化剂，但是历史上很多大学者往往把时代的要求融入学理的思考，把时代的关注和学理的兴趣统一在一起，致力于基础理论、基本概念的思考和突破，从学理上回应时代的呼唤。一所世界一流大学，应该能够在人文学科和社会科学学科领域孕育和产生新的概念、新的思想、新的学派。这种新的概念、新的思想、新的学派，往往能对一个社会、一个国家、一个民族乃至整个人类的文化和命运产生当时不可察觉的但却是巨大的、深远的影响。这类似于自然科学的基础理论研究，类似于爱因斯坦那样的研究，对于一个学者来说，对于一所世界一流大学来说，这种纯学术的思考和纯理论的研究同样应该提倡。

1989年我曾写过一篇短文《我们要保持纯理论的兴趣》，我在文章中说，人往往要从物质实践活动中跳出来，对于人生、人性、生命、存在、历史、宇宙等等进行纯理论的、形而上的思考。这种思考并不是出于实用的兴趣（不以实用为目的），而是出于一种纯理论的兴趣。因为这种思考和研究并不能使粮食和钢铁增产，也不能使企业增加利润，但是人类仍然不能没有这样的思考和研究。所以亚里士多德在《形而上学》一开头就说："人类求知是出自本性。"这就是强调，人的理论的兴趣是出自人的自由本性，而不仅仅是为了现世生活的需要。当代阐释学大师伽达默尔也说："人类最高的幸福就在于'纯理论'。"又说："出于最深刻的理由，人是一种'理论的生物'。"[1] 有的人反对和排斥这种纯理论的思考和研究，他们认为这种纯理论的思考和研究脱离实际。上世纪五十年代、六十年代一些从事这种纯学术研究的学者往往被扣上"脱离实际"的帽子。其实这种指责是不正确的。"理论联系实际"的原则当然是正确的。但是，不仅人类眼前的、实用的、功利的活动是实际，整个人生、人性、生命、存在、历史、宇宙也是实际。换句话说，不仅有形而下的实际，

---

[1] [德]伽达默尔：《赞美理论——伽达默尔选集》，夏镇平译，上海三联书店1988年版，第26页。

而且有形而上的实际。那些反对和排斥纯理论思考的人，他们不承认或看不到这种形而上的实际。而他们之所以不承认或看不到这种形而上的实际，从根本上说，是因为他们只承认人是社会的动物、政治的动物、制造工具的动物等，而看不到人同时还是有灵魂的动物，是有精神需求和精神生活的动物，是一种追求超越个体生命有限存在的动物，或者用伽达默尔的话说，是一种理论的动物。对于一个民族来说，能不能保持这种纯理论的兴趣，以及能在多大程度上发展这种纯理论的兴趣，乃是这个民族的精神文明水平的重要标志。一个民族如果丧失了这种纯理论的兴趣，就会导致这个民族的文化、精神素质急剧下降，那是十分危险的。我们中华民族是一个有着古老文明的民族，我们中华民族是一个有着伟大生命力和创造力的民族，这样一个民族，理应保持并发展纯理论的兴趣。

在北大的人文传统和精神氛围影响下所形成的学术热情和学术追求，就包含了这种纯学术的兴趣和纯学术的追求，包含了对于人生、人性、生命、存在、历史、宇宙等进行纯理论的、形而上的思考，包含了人文学科、社会科学学科的基本理论核心区域的思考和突破。我们在老一辈学者，如冯友兰、熊十力、费孝通、张世英等人身上看到这种追求，我们在许多年轻学者身上，同样也看到这种追求。

本文原载《中国文化报》2018 年 7 月 2 日

说学术气氛

参加今天的开学典礼，我和大家一样，心情是十分喜悦的。作为北大的一名教授，我要对诸位进入北大攻读博士学位和硕士学位表示热烈的祝贺和欢迎。

研究生院的领导要我在这个开学典礼上做个讲演。讲什么呢？我想讲一个问题，或者说，和大家探讨一个问题，这个问题就是：北京大学吸引人的地方在哪里。

每年都有大批青年进入北大学习，还有更多的青年向往北大。这说明北京大学尽管有种种不足，但是对于青年始终有强大的吸引力。那么北京大学为什么有吸引力？因素当然很多。例如从大一点说，北大有光荣的历史；从小一点说，北大有未名湖的湖光塔影，这些都有吸引力。但我想，其中有极重要的一条，就是北大有一种浓厚的学术文化的气氛，一种空气，一种氛围。这是无形的，看不见，摸不着，但是对于培养一个学者来说，这是极为重要的条件。大家知道，每年有很多外地的大学教师到北大进修，或来当访问学者，一般是一年时间，走的时候他们都感到收获很大。在北大的一年使他们产生了一种过去所没有的强烈的学术兴趣和学术追求，他们的学术视野打开了，思考问题的路子、方法也改变了。他们得到这种收获，发生这种变化，主要还不是因为在北大听了几门课,而是因为北大有一种浓厚的学术气氛。大家也知道,北大的住房条件比较差,但是很多人你要他离开北大他还是不愿意。问他为什么不愿意,回答几乎都是一样的:**北大有学术气氛,搞学问还得在北大**。我有位同乡,也是北大的教师,因为他妻子在北方生活不习惯,前几年要求调到了南方一所大学,是一所比较有名的大学。他调走三个月之后,回到北京开会,一见到我就说:"糟糕了,我这步棋走错了。"我问怎么错了,他说:"到那里不久,就发现自己从一个一流大学到了一个二流大学。"我问怎么发现的,他说:"只说一点就够了,北大的学术气氛,在那里很难感受到。"

这种气氛,我想是世界各国一流大学的一个共同的特点。比如有人曾这么描绘牛津大学,他说,牛津的教授是怎么教学生的呢?就是每周把几个学生召集到家里,教授抽着烟斗,向学生喷烟。就这样,被系统地喷了四年的学生,就变成了成熟的学者。这可以说是真正的"熏陶"。其实这就是说的第一流大学所必须有的学术文化的氛围。学者就是这种氛围熏陶出来的。北大吸引人,很重要的一个原因就是北大有这样一种学术文化的氛围。

那么,这种学术文化的氛围,能不能概括出几条比较具体的内容?我想至少可以说出两条(当然不限于这两条)。

第一条,这种学术文化的气氛,我想它包含着一种人文传统和人文精神。这种人文传统和人文精神,也就是一种对文化的关切,一种对于中华民族的文化、对于人类文明的献身精神,一种对于更高的人生意义和人生价值的追求。这种文化关切、这种献身精神、这种人生意义和人生价值的追求,你在北大到处都可以看到。在老教授身上,在中青年教师身上,在研究生和本科生身上,都可以看到。我可以举几个比较典型的例子,也是大家熟知的例子。例如,朱光潜先生,粉碎"四人帮"之后他已是八十多岁的高龄了,但是他依然每天不停地写作、翻译。他把八十岁以后写的论文集在一起，取名《拾穗集》。这个名字来源于法国大画家米勒的名画《拾穗者》，这张画画的是三位乡下妇人在夕阳微霭中弯着腰在田里拾起收割后落下的麦穗。这个《拾穗集》的书名很有深意，因为这个夕阳微霭中弯腰拾穗的形象，确实很能体现朱先生的人生态度：为对中华民族的文化和人类的文明做出尽可能多的贡献，从不停止自己辛勤的劳作。粉碎"四人帮"后，不到三年，朱先生就连续翻译、整理出版了黑格尔《美学》两大卷，还有歌德的《谈话录》和莱辛的《拉奥孔》，加起来有一百二十万字。八十多岁的高龄，三年拿出一百二十万字！接着朱先生又着手翻译维柯的《新科学》。这样惊人的生命力和创造力，就是出于前面说的对文化的关切，出于对中华民族文化和人类文明的献身精神，出于对一种更高的人生意义和人生价值的追求。再例如冯友兰先生。冯先生如今已是九十多岁的高龄，依然在写他的《中国哲学史新编》。在他九十寿辰的时候有一些人去访问他。他对访问的人说，他现在眼睛不行了，不能看书，想要翻书找新材料已经不可能了，但他还是要写书，只能在已经掌握的材料中发现新问题，产生新理解。冯先生幽默地说："我好像一条老黄牛，懒洋洋地卧在那里，把已经吃进胃里的草料，再吐出来，细嚼烂咽，不仅津津有味，而且其味无穷，其乐也无穷，古人所谓'乐道'，大概就是这个意思吧。""乐道"，就是精神的追求，精神的愉悦，精神的享受。冯先生说："人类的文明好似一笼真火，古往今来对于人类文明有所贡献的人，都是呕出心肝，用自己的心血脑汁作为燃料添加进去，才把这真火一代一代传下去。"冯先生问："他为什么要呕出心肝？"冯先生说："他是欲罢不能。这就像一条蚕，它既生而为蚕，就没有别的办法，只有吐丝，'春蚕到死丝方尽'，它也是欲罢不能。"冯先生说的这"欲罢不能"四个字非常好，这就是北大的精神、北大的传统。我想，北大的学术空气,很重要的内容,就是这种人文精神和人文传统。

第二条,北大的学术空气,还包含着一种培养大学者的传统。过去清华大学有位校长梅贻琦先生说过一句话:"大学者,非有大楼之谓也,乃有大师之谓也。"这话很妙。他给大学下了一个定义:**大学,是出大师的地方**。大概对所有的大学都这么要求是太高了,但至少对第一流大学应该这么要求。前两年我们丁校长就提出要把北京大学办成世界第一流的大学。我想,世界第一流的大学,就必须培养出一批又一批的世界第一流的学者、大师,否则就不是世界第一流的大学。我认为,我们北大一直有培养这种第一流学者的传统。北大过去和现在都有一批第一流的学者,或者说大学者、大师。**这些大学者、大师有两个特点,一个特点是始终站在学科发展的前沿进行研究,追求创新,寻求突破,还有一个特点就是学问比较宽,拿人文学科来说,就是中外打通,文史哲打通,理论、历史、现状打通**。这两个特点,是我们北大很好的传统。这个传统,在当代显得越来越重要。在当代,不具备这两点,绝对成不了大学者。

以上是我对于北大的学术文化氛围的一种分析。我讲了两条,一条是人文精神和人文传统,一条是培养第一流学者的传统。除了这两条,还有一条,就是北大有一种勤奋、严谨、求实、创新的优良学风,今天没有时间,这个问题就不谈了。

我在今天的开学典礼上和诸位谈北大的学术气氛的问题,是为了说明,对于搞学问来说,北大是个十分难得的环境。诸位现在进入北大学习,应该珍惜这个机会。当然环境再好,还得靠自己努力。我记得日本有位著名企业家曾提出现代人才必须具备的若干条件,其中一条,**就是要超强度地使用脑力**。我觉得这一条提得很好,很正确。在座的诸位既然进入北大学习,既然进到这个培养第一流学者的地方,那么你们就必须要有拼搏精神,要超强度地使用脑力。

冯友兰先生有一段话很有意思，他说：看《西游记》的人总会问，孙悟空既然有那么大的神通，为什么唐僧不让孙悟空带着他，驾上筋斗云，翻上西天，而要这么一步一步受尽辛苦呢？确实，我看《西游记》也有这个疑问。冯先生说：回答很简单，唐僧的路是要他自己一步一步地走的，否则他就不能成佛。同样，在座的诸位要成佛，路也要你们自己一步一步地走。这中间必然要吃不少苦头，必定会有种种艰难曲折。但是我相信，在你们中间必定会成长出一批世界第一流的学者，为我们北京大学增添光彩，为我们中华民族增添光彩。

本文为作者在北京大学研究生院 1988 年 9 月新生开学典礼上的讲演

谈艺术评论工作者的文化修养

艺术评论和艺术研究密不可分，谈"艺术评论工作者"的文化修养，同样也可以说是谈"艺术研究工作者"的文化修养。艺术评论工作者的文化修养有许多方面，我今天只谈三点。

一、艺术评论工作者要有艺术感

艺术感就是艺术感受能力和艺术鉴赏能力。同一个艺术作品，在不同的人那里，感受是不一样的。如果缺乏艺术感，一首好诗，一幅好画，你看不出它的好，看不出它好在哪里。我们有时会看到，一个本来是很差的作品，低级趣味的作品，有人却以为它很好，把它捧得很高。

艺术感是一种文化修养。艺术作品特别是艺术经典作品的神妙之处不是任何人都能感受到的。举两个例子。

一个是纳博科夫的例子。纳博科夫是俄裔的著名小说家，写过《洛丽塔》《普宁》等名著。他在美国的大学里讲过俄罗斯小说和欧洲小说。他提醒大家要注意小说的细节，由此去感知小说内在的生命。例如，列夫·托尔斯泰的《安娜·卡列尼娜》这本小说中，安娜·卡列尼娜和伏伦斯基初次见面时候的面部表情,小说写道:"他(伏伦斯基)感到非得再看她(安娜·卡列尼娜)一眼不可;这并不是因为她非常美丽,也不是因为她优雅内敛的风度,而是因为在她走过他身边时那迷人的脸上露出尤其温柔的神情,让人心里不由得一软。""在那短短的一瞥中,伏伦斯基已经注意到了有一股压抑着的生气流露在她的脸上,在她那亮晶晶的眼睛和把她的朱唇弯曲了的隐隐约约的微笑之间掠过。仿佛有一种违反她自己意志的东西在她的眼睛和微笑中满溢出来。接着,她刻意收起眼睛里的光亮,但那光亮随着隐约可辨的微笑仍然停留在她不由自主地闪动的唇角……"这些细节描写,安娜·卡列尼娜刻意收起光亮的眼睛,她的隐约的微笑,她的脸上的压抑的生气,把她的心灵、性格和命运都呈现出来了。再看安娜·卡列尼娜最后那个下午的细节。小说写道:"她等待下一节车厢。这感觉就像在河流洗澡时慢慢进入水中,她在胸口画了十字。随着这个熟悉的动作,年轻时代的记忆如洪水般涌来,突然,刚才还覆盖住所有一切的浓雾散开了,她看到了过去生命中那些明亮的时刻。"她往车厢底下扑去,"一个巨大无情的东西撞到她背上,拖着她向前。她祈祷,感觉到挣扎是不可能的"。"烛光亮了起来,前所未有的光芒万丈,为她照亮了所有的黑暗,发出噼啪声,黯淡了,永远消失了。"[1]纳博科夫的艺术感为我们照亮了《安娜·卡列尼娜》这部不朽经典的意象世界。

再一个是金圣叹的例子。金圣叹是明末清初的文学批评家。他是一位天才,对《水浒传》和《西厢记》的评点非常精彩。例如,《西厢记》中红娘有一段唱词:

---

[1] [美]弗拉基米尔·纳博科夫:《俄罗斯文学讲稿》,丁骏、王建开译,上海三联书店2015年版,第154、188页。

一个糊涂了胸中锦绣,一个淹渍了脸上胭脂。一个憔悴潘郎鬓有丝,一个杜韦娘不似旧时,带围宽过了瘦腰肢。一个睡昏昏不待观经史,一个意悬悬懒去拈针黹。一个丝桐上调弄出离恨谱,一个花笺上删抹成断肠诗,笔下幽情,弦上的心事,一样是相思。这叫做才子佳人信有之。

金圣叹批道:

连下无数"一个"字,如风吹落花,东西夹堕,最是好看。乃寻其所以好看之故,则全为极整齐却极差脱,忽短忽长,忽续忽断,板板对写,中间又并不板板对写故也。

这种"极整齐却极差脱"的语言形式,形成一种"风吹落花,东西夹堕"之美,这就是《西厢记》语言的形式美。金圣叹用他的艺术眼光看到了《西厢记》的语言形式美,并且提醒读者来欣赏这种语言的形式美。

一个人的艺术感,可能有先天的因素。有的人可能对某种艺术有特别的天分。例如莫扎特小时候就能作曲,他有音乐的天分。但是艺术感的形成主要是靠后天艺术鉴赏经验的积累。俄国的电影大师塔可夫斯基,从小他母亲就要他读《战争与和平》,而且告诉他书里哪一段写得好,为什么写得好。塔可夫斯基说,《战争与和平》成了他艺术品味和艺术深度的标准,使他从此再也不能容忍那些文化的垃圾。塔可夫斯基能成为电影大师,跟从小经典对他的熏陶有关。

要培养自己的艺术感,必须要有对艺术作品的丰富的、大量的直接感受的经验。你可以听别人对你"说"他对艺术作品的感受,但这不能代替你自己的感受。清代大思想家、美学家王夫之用因明学中的"现量"来谈美感,他说的"现量"有三层意思:一是"现在",二是"现成",三是"显现真实"。"现在"就是指当下、直接的感受,是一种审美的直觉。宗白华先生经常说:"学习美学首先得爱好美,要对艺术有广泛的兴趣,要有多方面的爱好。""美学研究不能脱离艺术,不能脱离艺术的创造和欣赏,不能脱离'看'和'听'。"[1]他说他喜欢中国的戏曲,他的老朋友吴梅就是专门研究中国戏曲的。他说他对书法很有兴趣,他的老朋友胡小石是书法家,他们在一起探讨书法艺术,兴趣很浓。他说他对绘画、雕刻、建筑都有兴趣,他自己也收藏了一些绘画和雕刻,他的案头放着一尊唐代的佛像,佛像带着慈祥的笑容。他又说他对出土文物也很关注,他认为出土文物对研究美学很有启发。当时没有私人小轿车和出租车,他就经常背着背包挤公交车进城去看各种美术展览和演出。有一次,我进城去看一个婺剧(俗称"金华戏",浙江省地方戏曲剧种之一)。演出结束,灯一亮,我发现宗先生也坐在那儿看戏。除了宗先生,当时很多北大教授,像周培源、邓以蛰等都喜欢进城去看各种演出和画展。我自己也有这样的体会。不仅要亲身体验,而且看原作和看复制品的体验也不一样。例如,十五世纪意大利画家波提切利的《春》,过去我是看复制品,有一年到意大利看到原作,才使我感受到它有多么美。再例如,敦煌莫高窟第158窟里有一尊很大的涅槃佛像,过去我看过照片,但到了现场才真正被震撼了。走进洞窟,我们就感到这尊巨大的、无比华丽的佛像散发着一种神圣的光芒。我们从佛像的足部,缓慢走向佛像的头部,惊叹大佛的气象如此宁静,如此安详,如此尊贵,如此完美。最美的是佛像嘴角的微笑,正是这微笑发出一种神

---

[1] 宗白华:《〈美学向导〉寄语》,见《艺境》,第357页。

圣的光芒，照亮了整个大佛，也照亮了整个洞窟。我注视着佛的微笑，感到无比宁静，时间在这一刻停止了。我想这就是佛祖涅槃的境界，不生不灭的永恒境界。这使我联想到西方中世纪基督教美学家讲美学，他们总是把"美"和"光"联系在一起，真的很有道理。

我强调对艺术作品的当下直接的感受，因为艺术作品的意蕴只能在直接观赏作品的时候感受和领悟，而很难用逻辑判断和命题的形式把它"说"出来。俞平伯1931年在北京大学讲唐宋诗词，讲到李清照的"帘卷西风，人比黄花瘦"时说："真好，真好！至于究竟应该怎么讲，说不清楚。"俞先生的意思也是说，诗的意象和意蕴很难用逻辑的语言把它"说"出来。如果你一定要"说"，那么你实际上就把艺术作品的"意蕴"转变为逻辑判断和命题，作品的"意蕴"总会有部分改变或丧失。比如一部电影，它的意蕴必须在你自己直接观赏这部电影时才能感受和领悟，而不能靠一个看过这部电影的人给你"说"。他"说"得再好，和作品的"意蕴"并不是一个东西。朱熹谈到《诗经》的欣赏时说："此等语言，自有个血脉流通处，但涵泳久之，自然见得条畅浃洽，不必多引外来道理言语，却壅滞却诗人活底意思也。"[1]这就是说，要用概念（"外来道理言语"）来把握和穷尽诗的意蕴是很困难的。爱因斯坦也有类似的话。曾有人问他对巴赫怎么看，又有人问他对舒伯特怎么看，爱因斯坦给了几乎同样的回答："对巴赫毕生所从事的工作我只有这些可以奉告：聆听，演奏，热爱，尊敬——并且闭上你的嘴。"[2]"关于舒伯特，我只有这些可以奉告：演奏他的音乐，热爱——并且闭上你的嘴。"[3]朱熹和爱因斯坦都是真

---

[1] 朱熹：《答何叔京》，见《朱熹集》，四川教育出版社1996年版，第1879页。
[2] [美]海伦·杜卡斯、巴纳希·霍夫曼编：《爱因斯坦谈人生》，高志凯译，世界知识出版社1984年版，第66—67页。
[3] 同上书，第67页。

正的艺术鉴赏家。他们懂得,艺术作品的意蕴(朱熹所谓"诗人活底意思")只有在对作品本身(意象世界)的反复涵泳、欣赏、品味中感受和领悟,而"外来道理言语"却会卡断意象世界内部的血脉流通,作品的"意蕴"会因此改变,甚至完全丧失。

和这一点相联系,艺术作品的"意蕴"与理论著作的内容还有一个重要的区别。理论作品的内容是用逻辑判断和命题的形式来表述的,它是确定的,因而是有限的。例如报纸发表一篇社论,它的内容是确定的,因而是有限的。而艺术作品的"意蕴"则蕴含在意象世界之中,而且这个意象世界是在艺术欣赏过程中复活(再生成)的,因而艺术的"意蕴"必然带有多义性,带有某种程度的宽泛性、不确定性和无限性。王夫之曾经讨论过这个问题。王夫之指出,诗(艺术)的意象是诗人直接面对景物时瞬间感兴的产物,不需要有抽象概念的比较、推理。因此,诗的意象蕴含的情意就不是有限的、确定的,而是宽泛的,带有某种不确定性。他以晋简文帝司马昱的《春江曲》为例。这是一首小诗:"客行只念路,相争渡京口。谁知堤上人,拭泪空摇手。"这首诗本来是写渡口送别的直接感受,但是不同的人对这首诗的感受和领悟却可以很不相同,也就是说在不同的欣赏者那里再生成的意蕴可以是不同的。例如,对于那些在名利场中迷恋忘返的人来说,这首诗可以成为他们的"清夜钟声"[1]。王夫之用"诗无达志"[2]的命题来概括诗歌意蕴的宽泛性和不确定性的特点。"诗无达志",就是说诗歌诉诸人的并不是单一的、确定的逻辑认识。正因为"诗无达志",所以艺术作品的意蕴必须在直接的感受中才能把握。

培养艺术感还要有丰富的艺术史的知识。因为艺术作品不仅存在于当代,

---

[1] 王夫之:《古诗评选》卷三简文帝《春江曲》评语。
[2] 王夫之:《古诗评选》卷四杨巨源《长安春游》评语。

而且存在于历史上各个时代。搞戏剧研究一定要研究戏剧史，搞电影研究一定要研究电影史。我一直跟学生强调，搞美学或艺术理论，至少要对一门或两门艺术做过系统的研究。譬如你要研究电影，那你应该对电影诞生以来的历史做系统的研究，诸如电影有哪些发展阶段，有哪些电影大师和代表作，有哪些电影理论等，都要有研究，而且要达到专业研究的程度，也就是你要达到专门做电影研究的学者的水平，能跟他进行专业的学术对话。

我们不能要求一个人对各个艺术门类都精通，但是做艺术研究或艺术评论的人的艺术知识和艺术眼光也不能太狭窄，因为艺术各个门类是相通的。例如王朝闻先生，他的专业是雕塑，但他对川剧很有研究，后来又研究唐诗，后来又研究《红楼梦》，他写了一本很厚的著作《论凤姐》。

一个人的艺术感不仅和一个人的艺术鉴赏的经验有关系，而且和一个人整体的文化素养有关系，和一个人的人生经历有关系。这一点我们都有体会，读诗、读小说，和你的人生经历有关。我自己小时候读《古诗十九首》，读《红楼梦》，不知道它们好在哪里，年纪大了，才慢慢有所体会。所以培养艺术感，不仅要有丰富的艺术鉴赏的经验，而且要提高整体的文化素养，要有丰富的人生经历。

二、艺术评论工作者要有理论感

做艺术评论、艺术研究，除了要有艺术感，还要有较高的理论思维能力。这种理论思维能力，表现为一种"理论感"。理论感就是爱因斯坦所说的"方向感"，即"向着某种具体的东西一往直前的感觉"。当你读别人的著作的时候，这种理论感会使你一下子抓住其中最有意思的东西。当你自己在研究、写作的时候，这种理论感会帮助你把握自己的思想中出现的最有价值的东西（有的是朦胧的、转瞬即逝的萌芽），它会指引你朝着某个方向深入，做出新的理论发现和理论概括。

一个从事理论工作的人，如果缺乏这种理论感，他的理论研究就很难有大的成就。二十世纪八十年代，我们请王朝闻先生来北大与美学专业的研究生座谈。他在座谈会上提出一个问题，他说："你们看，有的人做了一辈子学问，写了许许多多文章，但老是不精彩，老是平平淡淡，你们想想这是什么缘故？"我听他这么一说，头脑里马上就出现他说的这种景象。我们确实看到有一些学者，很有名气，写了好多文章，但老是平平淡淡，老是不见精彩，这是什么缘故？当然可能有很多原因，但是我想其中有一个重要原因就是缺乏理论感。

从个人来说，缺乏理论感，就很难有理论发现、理论概括，写的文章也很难有理论色彩。从整个艺术界来说，不重视理论，不重视理论研究，就很难把丰富的艺术实践经验上升到理论的层面，这对推动艺术实践的发展是不利的。毛泽东在二十世纪五十年代对音乐工作者有一个谈话，里面说：中国的音乐、舞蹈、绘画是有道理的，问题是讲不大出来，因为没有多研究。这句话的意思是说，中国艺术是有规律的，但是我们说不大出来，因为研究得不够。譬如大家都说京剧是中国文化的瑰宝，但是京剧为什么好呢？并没有从理论上讲清楚。毛泽东这段话指出我们对中国传统艺术缺乏理论的研究和理论的说明，非常值得重视。

我们在美学和艺术学研究生的学习中也看到这个问题。有的人艺术感受能力很强，但是缺乏理论思维能力，导致他脑子里丰富的艺术感受无法上升为理论，只是停留在感性的层面。我每年都要看很多博士论文和硕士论文，我看到不少论文里堆了一堆材料，苦于提炼不出论点。写论文一定要提炼出论点，没有论点，把材料罗列在一起，那只是资料汇编，不是论文。

怎么来锻炼和提高自己的理论思维能力呢？恩格斯讲过，要提高自己的理论思维能力，至今没有别的办法，只有学习过去的哲学，读哲学史上的经典著作，因为哲学史上的经典著作是历史上人类最高智慧的结晶。要多读经典，除了哲学经典，还要读文学经典。梅林的《马克思传》说，马克思喜欢的文学作品都是经典，他每年都要把古希腊的文学经典拿过来重新读一遍。梅林在《马克思传》里面还引用了拉法格的话，拉法格说马克思"恨不得把当时那些教唆工人去反对古典文化的卑鄙小人挥鞭赶出学术的殿堂"。这句话讲得太好了，我想这是马克思主义的经典作家和创始人给我们留下的重要的思想原则和学术原则，我们应该遵循这个原则。

伽达默尔说过，**经典是"无时间性"的**。也就是说，经典是在任何时代都有价值的。我们看到现在还常常有人鼓吹不读经典、抛弃经典。一个民族如果不读经典，抛弃经典，这个民族必定会成为肤浅的民族，绝不会有远大的前途。

培养理论思维能力很重要。同样一段材料，到了一个人手里平平淡淡，到了另一个人手里就能提炼出东西来，他写的东西有理论色彩。做艺术理论、评论，没有比较强的理论思维能力是不行的。当年，日本有一位文艺评论家叫宫本百合子，她的丈夫是宫本显治（早期的日共总书记）。宫本显治在坐牢，与他妻子通信。他对宫本百合子说，你写的评论性文章都是一般的文章，不是真正的理论文章。要写出真正的理论文章，要下功夫，建议你去读马克思的《资本论》，不是为了学政治经济学，而是为了训练你的理论思维。因为马克思的《资本论》就是马克思的逻辑学，《资本论》建立了一个极其严密的逻辑体系。

宫本百合子听了他的话开始读《资本论》，起初是在外围进不去，后来读进去了，从核心开始读，感到非常的幸福、喜悦，因为真理的光芒照耀到自己身上。她说，人的一辈子，像马克思《资本论》这样的成果能有十分之一就没有白活了。

对经典要精读。精读，用古人的话来说就是"熟读玩味""着意玩味"，要把它读懂，读通，读透。有的书，如康德、黑格尔的著作，要读懂很不容易。每一句、每一段读懂了，还要融会贯通，把它的精华吸收到自己头脑中来，这是读通、读透。所以读经典要下功夫，要放慢速度。过去称赞一个人聪明，"一目十行"，熊十力先生说这种人在当时其实不过是个名士，决不能成就大学问，并不值得称赞。

真正读完一本经典很不容易。日本有位哲学家叫柳田谦十郎，他在自传中说，他花了一年时间把康德的《纯粹理性批判》读完，读完之后觉得这是很大的成绩。他的夫人专门设家宴来庆祝他读完这本书。这说明，你写一部书当然很了不起，值得庆贺；你读完一本书，像康德这样的人的书，也是了不起的，也值得庆贺。

读经典要坚持不懈。熊十力先生建议大家，每天再忙，晚上也要读几页经典，哪怕只读五六页，要一直坚持下来，不要间断。

我建议大家制订一个读书的计划，除了结合自己当下的工作来读书（譬如要研究一个课题，就要读相关领域的书），还要读一些属于基础修养的经典。如果每年能够读两本这一类的经典，就是很大的成绩了。一年读两本看起来不多，十年后就读了二十本，二十年后就读了四十本。一个人如果二十年里读了四十本经典，那这个人就脱胎换骨了，说话，写文章，整个人的气质就会完全不同了。

前面说的"艺术感"和"理论感"是互相关联的。王夫之十六岁开始学诗,他读古人所作的诗不下十万首。后来他写了本诗论著作《姜斋诗话》,还编了三本诗歌选集《古诗评选》《唐诗评选》和《明诗评选》,这几本书包含了王夫之最重要的美学思想。读十万首诗成为王夫之做诗歌理论与批评的感性基础,这对他的理论思维和艺术评论起到了一种内在的引导、推动和校正的作用。一个人如果没有像王夫之这样的对十万首诗的体验做底子,他的诗歌评论就可能产生偏差。

三、艺术评论工作者要学会写文章

谁都要写文章,艺术评论工作者、艺术研究工作者尤其要写文章。但是文章要写好很不容易,要下功夫学习。多年以来,我发现许多大学生(包括研究生)不善于写文章,也不重视学习写文章。我一直想编一本《文章选读》,选一些真正写得好的文章,供大家学习、参考。2012年,我把这本书编出来了。朱光潜先生说过,古人编文选,都是为了提倡一种好的文风。我编这本《文章选读》,也是为了提倡一种好的文风,概括起来就是:简洁、干净、明白、通畅、有思想、有学养、有情趣。

第一,文章要简洁、干净。我常常发现有的同学写文章啰里啰嗦,拖泥带水。明明只是一句话,却要来回说,写成好几页。《老子》说:"**少则得,多则惑。**"这六个字对写文章很有启发。有一年我在香港,当地有家报纸约我写一种五百字的专栏文章。开始我觉得这种五百字的文章很难写。写了几篇,觉得这是一种很好的训练。平时我们提倡写短文章,提倡写"千字文"。一篇文章一千字,已经很难写了,现在一篇文章五百字,要把一个问题说清楚,就更难。必须把多余的话都去掉，但又不能变得光秃秃的，写得很局促，而要写得从容、舒展，要像篆刻艺术，**方寸之内，要有海阔天空的气象**。这不是一种很好的训练吗？

这里要说一句，文章要简洁、干净，并不是说文章越简短越好，并不是说文章里面不能有重复的句子。我们现在写文章是用白话文，白话文比文言文就要多几个字。还有，有时文章为了突出强调一个意思，有的话要重复说，这也是必要的。有的报刊编辑看到这种地方往往就动手把它删掉了。我就常常遇到这种情况。例如，我写文章不用文言，而用白话，所以我不用"即"，而用"就是"，不用"因此之故"，而用"因为这个缘故"，有的编辑就动手把它改掉了，因为"即"比"就是"少一个字。

我想借这个机会写两句题外话，就是报刊编辑如何为作者改文章。报刊编辑当然有权力对来稿进行修改。**但是报刊编辑在对来稿进行修改的时候应该对原稿的作者有足够的尊重。尤其不能用自己的习惯和风格来改别人的文章。因为每个人写文章都有自己的思路，都有自己的风格，有时改一两个字，就把文章的思路和风格改变了**。鲁迅文章里说他院子里有两棵树，一棵是枣树，另一棵也是枣树，你可能觉得多了一句话，把它改成院子里有两棵枣树。如果你这么改，文字是简洁了，但是文章的味道改变了。不但修改报刊的来稿对作者要尊重，**就是修改小学生的文章也要对作者有足够的尊重，因为小学生也有自己的创意，小学生也有自己的风格**。

第二，文章要明白、通畅。现在有的人喜欢写一种谁也看不懂的文章，有的刊物也喜欢发表一种谁也看不懂的文章。有一次我接到外面寄来的一篇博士论文要我评审，我一看，从头到尾，堆满了极其晦涩的名词概念，我根本看不懂。有人以为别人看不懂，就说明自己高深。其实不然，古人早就批评过这种文风，清代评论家刘熙载就说过，这是"**以艰深文其浅陋**"（《艺概》），以表面的艰深来掩盖他思想内容的浅陋。过去大家说，哲学家要善于用大家都懂的话把大家都不懂的道理说出来，而现在这些人正相反，他们是用大家都不懂的话把大家都懂的道理说出来，这就是"故弄玄虚"。这是一种很不好的文风。我们看，"五四"以来的大学者，像梁启超、蔡元培、胡适、郭沫若、范文澜、冯友兰、翦伯赞、朱光潜、宗白华等等，他们的文章都写得明白通畅，没有一丝艰深晦涩的影子。明白通畅的文字并不影响他们表达深刻的思想。我经常和北大的学生说，我们北大的学生一定要养成明白通畅的文风。**我们要懂得，简洁、干净、明白、通畅是写文章的一种很高的境界。**

第三，下论断要谨慎，要有材料和事实的根据。这里有几种情况。一种是根本没有任何材料根据。有次我收到一位同学的文章，第一页上就连续下了七八个论断，但是没有任何材料的根据，也没有任何分析。没有材料的根据，没有分析就下论断，这当然不是科学的态度，这就叫武断。第二种情况是有选择地用材料，和他的结论相符合的材料他就引用，不符合的材料就假装没有看见，这也不是科学的态度。第三种情况是从个别的、局部的材料得出一般性、普遍性的结论。这也不是科学的态度。二十世纪八十年代，国内学术界有一股比较文化热，诸如比较文学、比较哲学、比较艺术等。有的人并没有对西方文化做过系统的研究，也没有对中国文化做过系统的研究，但是他却可以进行中西文化的比较研究，并且得出一二三四一系列的结论。他们也引用一些材料，但都是个别的、局部的材料，他们就从这些个别的、局部的材料得出一般性、普遍性的结论。例如他们说，西方人重摹仿，重再现，西方人看重小说，所以西方人有人物典型的理论，而中国人重表现，重表现内心，中国人看重诗歌，所以中国人有诗歌意境的理论，但没有人物典型的理论。当时我到朱光潜先生家里看望他，我对朱先生说："现在有一些比较文化、比较文学的文章，一些结论好像不符合事实。例如说中国没有小说理论，没有典型理论，金圣叹就对小说创造典型性格有非常精彩的论述，他们不知道，就说中国没有小说理论，这种结论是站不住的。"朱先生说："我同意你的看法，我以为，中国现在做比较文化的研究还不具备条件。"为什么不具备条件？因为对西方的文化没有系统的研究，对中国的文化也没有系统的研究，怎么做比较研究呢？

第四，写文章要有一种分寸感和适度感。**写文章和说话一样，要适度，要掌握分寸，不能过度。**例如，文章要引经据典，但引经据典要适度，过度了就变成卖弄才学，装腔作势。文章要写得生动，但生动过了头就成了油滑。文章的议论有时要尖锐，但也要适度，尖锐过了头就成了刻薄。多年前，我曾经在一个刊物上看到一篇文章，作者是一位大名人，内容是批评他的两位老师。批评老师当然是可以的，但要看怎么批评。文章说，他的一位老师二十世纪七十年代写文章，说自己旧作中对秦始皇的评论错了。我们这位名人由此对他老师大加指责，说他老师"作应时八股"，不仅在治学方面错了，而且在为人方面也错了。也就是说，他老师人品有问题。这就有点说过头了。他老师当时这么说，显然是受特定社会环境条件的影响，虽然不妥当，也不必苛责。毛泽东在《纪念孙中山先生》（1956）一文最后说，像很多正面历史人物大都有他们的缺点一样，孙中山也有他的缺点，这里要从历史条件加以说明，使人理解，不可以苛求于前人。你想，对孙中山这样的大人物尚且如此，对一般的人物更是如此。批评人，说话也好，写文章也好，都要适度，要掌握分寸，尖锐过度就会变成刻薄，反过来就会显示批评者本人人品的某种欠缺了。

文风问题归根到底是人品问题。中国古人从来强调"文如其人"，强调诗品、文品、书品、画品、乐品和人品的统一。刘熙载说："诗品出于人品。""书，如也。如其学，如其才，如其志，总之曰如其人而已。"(《艺概》) 从一个人的艺术作品，从一个人的文章，可以看出这个人的人品，看出这个人的趣味、格调、胸襟、气象，看出这个人的精神境界。我在《文章选读》中特意多选了一些"五四"以来前辈学者的文章，因为这些文章体现了他们高尚的精神境界。我希望把我们的大学生、研究生和文化界、艺术界的朋友们的眼光引向这些前辈学者，从而远离当下某些人传播的装腔作势、义瘠辞肥、自吹自擂、存心卖弄、艰深晦涩、空洞无物，以及武断、褊狭等低级趣味和鄙俗文风。

我选了闻一多、朱自清的文章。你看闻一多的文章，那么有深度，又那么有情趣，笔墨歌舞，异彩纷呈。闻一多说读《庄子》分不清哪是思想的美，哪是文字的美，所以是"多层的愉快"，我们读闻一多的《庄子》一文，也是多层的愉快。你看朱自清的文章，那么有学养，又写得那么明白通畅，如天际白云，舒卷自如。对照一下现在有些人写学术论文，皱着眉头，板着脸孔，抄了一大堆材料，没有自己的思想，文字死气沉沉，读者昏昏欲睡。闻一多、朱自清的文章对我们极有启示。

我也选了冯友兰先生的文章。当年朱自清先生就说过，为了写好学术论文，多读、细读冯友兰先生的著作极有益。冯先生善于对讨论的问题一层一层地分析，细密而不繁琐，清晰而不空疏。朱先生指出，冯先生的《新世训》对一些重要概念的含义"逐层演绎""精彻圆通""极见分析的功夫"。所以他认为，高中二三年级和大学生即使只为学习写作，也应该细读这本书。

你看冯友兰先生一直到八九十岁高龄时写的文章仍然那么有味道。例如，我至今记得 1981 年在《读书》杂志上看到冯先生写的一篇题为《论形象》的文章。文章一开头讨论孔子画像的问题。当时出了《中国古代著名哲学家评传》《中国古代著名哲学家画传》,这些书中都有古代哲学家的画像。冯先生因此提出了一个问题:这些画像究竟像不像?这就是一个很有意思的问题。拿孔子来说,孔子已经死了将近三千年了,现在谁也没有见过孔子,孔子也没有留下照片,那么你画的孔子怎样算像,怎样算不像?这么说来,今天画孔子就没有一个像不像的问题了,就可以随便画了?冯先生说,不。今天画孔子像仍然有一个像不像的问题,不能随便画。因为孔子用他的思想和言论已经在后人心目中塑造了一个精神的形象。这就是作孔子画像的画家必须凭借的依据。接下来,冯先生又转而讨论把小说艺术所塑造的人物形象转换为绘画艺术的形象和戏曲舞台的形象的问题。这里同样有一个像不像的问题。冯先生说,他个人不喜欢看《红楼梦》的戏,因为他看着总觉得戏台上的那些人物和小说中的那些人物不像。冯先生说:"其实贾宝玉所最讨厌的那些老婆子、粗使丫头,在小说中看着也很有意思。最鄙俗的人,在小说中也写得俗得很雅;小说中最雅的人,搬到舞台上也看着雅得很俗。""俗得很雅""雅得很俗",真是说得太好了。像冯先生这样的文章,读起来就很有兴味。大家不要忘了,当时冯先生已经是八十六岁的高龄了。

  在当代学者中,我选了熊秉明先生的文章。熊先生是旅法的艺术家,雕塑、书法、文学都达到极高的水平。他有一篇《看蒙娜丽莎看》,可能很多人读过。金圣叹评《水浒》,常用"妙极""神妙之极"的评语。对熊秉明的这篇文章,我们也可以用这样的话来称赞。这篇文章的神妙之处至少有两点。第一,写出了蒙娜丽莎的"看"。很多画,画中的人物都在"看"观众,但蒙娜丽莎的"看"是另样的、特别的,那种微笑的顾盼在生存层次上具有无穷诱惑的魅力。作者用极其微妙的文字把这种无穷诱惑的"看"写出来了。第二,蒙娜丽莎不仅在"看"观众,而且在"看"画家(达·芬奇),第一个就是"看"画家。可是这个"看"是画家画出来的，画家正是在蒙娜丽莎"看"他的眼光中一点一点画出这个"看"的眼光。而这个"看"的眼光（微笑的顾盼）是无法穷尽的。达·芬奇正是在一种无法穷尽的过程中作无穷的追求。"他必须画出那画不出；他必须画出那画不出之所以画不出。他要一点一点趋近那画不完。而他要画完那画不完。"[1]

我们作为熊秉明这篇文章的读者，感到无比的惊奇。他居然能写出蒙娜丽莎那神妙的"看"，他居然能写出达·芬奇如何画出蒙娜丽莎那神妙的"看"，他居然又能写出达·芬奇如何一点一点趋近蒙娜丽莎那神妙的"看"，然而又总保留着那一小段不断缩短的遥远。蒙娜丽莎的"看"是何等神妙，达·芬奇画出蒙娜丽莎的"看"是何等神妙，熊秉明写出达·芬奇永远画不完蒙娜丽莎的"看"又是何等神妙。所以说：神妙之极。

我在书中还选了好几篇爱因斯坦的讲演和文章。爱因斯坦的讲演和文章，总是那么简洁，又那么深刻，使人感到有一种来自宇宙高处、深处的神圣性，有如巴赫的管风琴作品发出的雄伟声音。我们从爱因斯坦的讲演和文章中，可以体味到他的俯仰宇宙的胸襟、光风霁月的气象、高远平和的精神境界，使我们受益无穷。当时很多人写信向他询问哲学、科学和人生等方面的问题，有的仅仅是希望他能"勉励自己儿子几句"或为某本杂志写段"格言"。他都一一回信，而且字字推敲，绝不敷衍。最令人难忘的是爱因斯坦回信时那种温柔敦厚、彬彬有礼的姿态，显示的那种"开阔、善良、温厚、光明、纯净"的气象，和我们有时看到的那种武断、骄横、褊狭、刻薄的所谓"名人风度"，真有天壤之别。

当然，艺术评论工作者的文化修养不限于这三点，但是这三点很重要，而

---

[1] 熊秉明：《看蒙娜丽莎看》，百花文艺出版社1997年版，第11—12页。

且要做到也很不容易。

最后说一点,我们的艺术家,我们的艺术评论工作者和艺术研究工作者,在自己的生活中,在自己的艺术创造、艺术评论、艺术研究工作中,都应该有一种高远的精神追求,要追求一种更有意义和更有价值的人生,要注重拓宽自己的胸襟,涵养自己的气象,不断提升自己的精神境界。这几年,我在各种场合都不断重复一段话,我就把这段话作为本文的结束语:

> 一个有着高远的精神追求的人,必然相信世界上有一种神圣的价值存在。他们追求人生的这种神圣价值并且在自己的灵魂深处分享这种神圣性。正是这种信念和追求,使他们生发出无限的生命力和创造力,生发出对宇宙人生无限的爱。

本文为作者在2016年国家艺术基金"全国优秀文艺评论人才培养"高级研修班和2019年7月"中国美学暑期高级研修班(第四期)"上的演讲